景观快题应试手册

Landscape Rapid Design Test Book

林缘考研教学组　主编

化学工业出版社

·北京·

内容提要

众多院校考研、考核中，快题设计成为景观园林专业的一个重要环节。本书共八章：景观设计与景观快题设计、场地分析与平面构成、32例节点细化与要素组合、9种经典考题与真题示范、16例学生作品与教师精改、7个高频考点与排雷技巧、8个热点话题与应试思路、规范合集及应用场景。《景观快题应试手册》内容翔实，尽量以短、平、快的方式引导学生进入知识点、注意点和考点的思维和训练方式，并结合近年来的热点和方向，列举大量案例供研究学习。

《景观快题应试手册》可作为园林设计、风景园林、环境艺术设计、城市景观园林专业、建筑景观设计等专业的专业课教材和考研辅导书，也可供相关专业从业者参考。

图书在版编目（CIP）数据

景观快题应试手册/林缘考研教学组主编. —北京：
化学工业出版社，2020.7
ISBN 978-7-122-36817-1

Ⅰ.①景…　Ⅱ.①林…　Ⅲ.①景观设计－绘画技
法－高等学校－教材　Ⅳ.①TU986.2

中国版本图书馆CIP数据核字（2020）第082151号

责任编辑：李　琰　宋林青　　　　　　装帧设计：关　飞
责任校对：李雨晴

出版发行：化学工业出版社（北京市东城区青年湖南街13号　邮政编码100011）
印　　装：天津图文方嘉印刷有限公司
880mm×1230mm　1/16　印张14¼　字数385千字　2020年9月北京第1版第1次印刷

购书咨询：010-64518888　　　　　　售后服务：010-64518899
网　　址：http：//www.cip.com.cn

前言

近年来，时代的进步带来对更高级人才需求的提升，城乡建设及环境美化快速发展带来对专业人才需求的提升，风景园林专业考研学子也越来越多。在众多院校的考研、考核中，快题设计成为风景园林专业的一个重要环节。在高校课程设置中，与快题设计相关的课程一般为：园林制图、制图规范、园林规划设计等培养学生设计基础知识与设计思维能力的课程。快题设计在考研考核中主要考核学生手绘表达与快速设计的综合能力，需要学生在短时间内充分表达出相应题目的设计意图，展现基本的专业素养。快题考试通常为3小时或6小时，如何在短时间内快速表达设计者的构思立意就显得尤为重要。

《景观快题应试手册》总结了林缘考研团队近5年来一线考研培训经验，融合了几年来从林缘考研走出的数十位考研状元和高分录取者的经验心得，从快题设计中的场地分析、构图方式、应试技巧、方案构思与方案深化的策略与方法等精炼出应试的方法和技巧，尽量以短、平、快的方式引导学员进入知识点、注意点、考点的思维和训练模式，并结合近年热点、方向，提供大量案例供研究学习，以帮助学子快速领会题意，生成自己的方案，完成升学考试内容。

《景观快题应试手册》共分八章。

第一章：景观设计与景观快题设计，快速了解景观设计与景观快题设计的设计流程与不同院校考试的具体要求与规定。

第二章：场地分析与平面构成，以真题为例介绍快题设计前期构思立意与多种平面构成的方法与思路。

第三章：32例节点细化与要素组合，图示介绍快题构成要素。

第四章：9种经典考题与真题示范，以快题设计中常考的几类绿地类型为例，深入剖析考题要点并进行范图展示。

第五章：16例学生作品与教师精改，选取16套学生绘制的平面进行分析与精改，指出总平面图主要问题的同时进行范图展示。

第六章：7个高频考点与排雷技巧，介绍了快题设计中考查频率较高的考点。

第七章：8个热点话题与应试思路，介绍历年快题中比较热门且新颖的话题。

第八章：规范合集及应用场景，是集合了公园设计规范的合集。

《景观快题应试手册》编写组主编：丹丹老师；本书编写组副主编：Mila老师、泡芙老师。感谢为此书做出贡献的其他林缘考研老师和志愿者们。感谢化学工业出版社为此书出版提供了机会。未来，我们将一如既往遵循"一切为了学生，学生重于泰山"的精神，竭力为广大学子提供帮助。我们是年轻的团队，书中难免有不完善的地方，恳请读者对不足之处批评指正。本书如有未能联络到出处的引用，请版权方尽快与我们联络。

——林缘考研全体教研组

2020年7月

目录

科学和设计的准则只是部分的吻合。纯粹的保护与人的意向是有矛盾的，而我们对解决这种矛盾缺少引导，对我们的价值观和条件有了更深的理解，就能创造一个包容整个有机体的更合适的道德准则。

——Kevin Lynch

第一章

景观设计与景观快题设计

一个极具多元性、包容性的学科

第一节　景观设计概述

1. 景观设计是什么?

　　从学科上来说,现代景观设计与建筑学、城市规划学共同构成人居环境建设的三大学科。人居环境建设则是"景观设计"学科研究中重要的主题。而人居环境建设不是一成不变的,这是一个发展的领域,与时代人文、美学、生态、信息科技等紧密相关,也正因如此,景观设计是一个通过"变革发展"来进行自我完善的开放包容的学科领域。

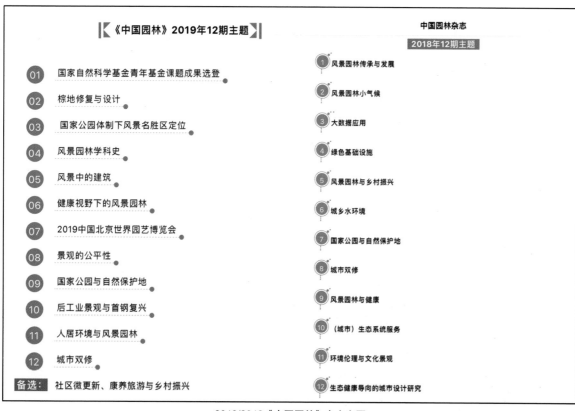

2019/2018《中国园林》杂志主题

　　如果把景观设计拆开来解释,正如约翰·O·西蒙兹指出:"景观,并非意味着一种可见的美观,他更是包含了从人及人所依赖生存的社会及自然那里获得多种特点的空间;同时能够提高环境品质并成为未来发展所需要的生态资源。"——由此可见景观是一个动态发展的过程。而作为"设计"型学科,其研究类型则包含"research about design""research for design""research through design"三种设计理论研究类型,而现代景观设计学科的完善与发展,则是建立在长期的"research through design"的情况下,在经历了古典主义的唯美论、工业时代的人本论之后,不断在设计过程中发展和进步的理论体系,也就是在后工业时代出现的景观设计的多元理论。

　　根据《中国园林》杂志中近些年所发表的文章,也多可观察到,景观设计与人居环境、建筑环境、生态环境等息息相关,是综合的、多领域知识复合的一门学科。

综上所述，景观设计其实是一门涉及生态学、地理学、信息技术、美学等多学科交叉、理论多元性的设计类学科，且处于不断发展与完善中。

2. 设计流程

景观设计的前提是对将要设计的环境进行调研分析，无论是平面上还是立面上的分析，都需要对整个空间的原始形态有一定的了解。这一了解主要包含场地的综合研究（生态因子、周边环境与交通、人口分布、总体规划、场地文化记忆等）、场地周边环境这两大方面；在对各种因子进行融合后，消除场地设计中的矛盾与冲突，进行富有设计美学的景观设计。

设计是一种思维的表达，图纸是思维表达的成果。换句话说，设计思维决定了图纸表达是否丰富且合理。由此了解设计思维对图纸的表达具有重要意义。

景观设计思维具有复合性、创造性、图式化、发散性、理性与感性交织等特点。复合性要求在景观设计中对前期调研的结果进行理性的科学分析、权衡取舍，再整合决策后进行感性的艺术表达；创造性则要求经过重新设计的场地上能够有全新的、和谐统一的空间环境，从而营造新的空间意境。发散性则要求设计思维从多元性到趋向唯一性，从多元的空间矛盾到综合整合后所确立的趋向"唯一"的解决办法；理性与感性交织则是强调景观设计中理性与感性有着同等重要的地位。

设计思维中"图式化"的推敲过程，则是快速设计的来源：通过速写或草图，对场地内部设计进行推敲，这种用草图来推敲思维的过程通常被称为"图解"，图解思维是一个将人的认知和创造性逐渐深入的过程。这也体现了快速设计表达在设计过程中的重要性。

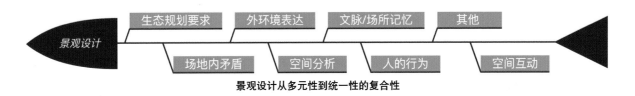

景观设计从多元性到统一性的复合性

图纸类型
① 设计概念类图纸：前期调研分析、总平面图、设计分析图、立面图、剖面图、节点扩初图等；
其中分析图是最能够体现设计思维过程的图释，立面图、剖面图可表达整个立向空间的变化。
② 施工图纸。

进行现场施工，施工时可根据现场环境对设计方案进行局部调整。

第二节 景观快题设计

1. 简述

快题考试的意义

　　快题考试作为风景园林考研的一个部分，在有限的时间内要完成相当大的工作量，其重要意义不仅在于考查学生对园林景观设计的掌握程度，而且考察学生的应变能力、抗压能力、手绘表现能力等综合能力。为了能在规定时间内优质地完成快题，要求学生抓住场地的主要矛盾，构思快速解决问题的方法，最后快速形成合理的设计方案。在训练备考的过程中，我们一次次地扮演着设计师的角色，对风景园林各要素的功能构成、平面形态、布局特征和设计要点都愈发熟悉，长远来看，这对我们日后从事相关工作的帮助也是极大的。

相关院校规定

　　"选择比努力更重要"，在确定考研目标院校之前，应该通过各种渠道（网络、老师、亲友等）广泛收集有效信息，详细了解每一所院校的实力、报录比、考试要求等，根据自身实际情况，慎重做出选择。在考研的过程中，除了认真准备相应考试科目之外，也要及时关注所考院校的最新信息和考试要求。所以说，考研也是一场信息战。以下列举了一些往年开设有风景园林学科的考研热门院校在快题设计考试中的信息和要求。

院校名称	考试时长	图幅大小	考试工具	备注
南京林业大学	3 小时	A2	彩铅	
南京农业大学	3 小时	A2	马克笔	
东南大学	6 小时	A1	马克笔	需在场地内设计一处景观建筑并绘制平面图、立面图、剖面图
同济大学	3 小时	A3 硫酸纸	马克笔	不要求绘制鸟瞰图
浙江农林大学	6 小时	A1	总平面图不上色，其他图自行选择是否上色	
安徽农业大学	6 小时	A1	马克笔	

分值占比与评分标准

了解卷面各个图的分值占比与评分标准，可以帮助我们更加合理地分配时间，抓大放小，取得理想的分数。但这个分值占比会根据不同学校的考察标准和要求而改变，下面是几个真题案例，仅供参考。

2016年南京林业大学初试设计内容要求与评分标准

一、内容要求（共150分）

1. 总平面图：1:600比例尺，标注主要景点、景观设施及场地标高，以及场地竖向设计等高线图。（60分）

2. 总体鸟瞰效果图一幅，不小于A4图幅。（40分）

3. 局部景观效果图一张（10分）。

4. 若干分析图和反映场地竖向变化的剖面图，比例自定。（15分）

5. 不少于200平方米的局部节点放大图，其中包含服务建筑。（15分）

6. 设计说明（150～200字）及经济技术指标。（10分）

二、评分标准

1. 使用功能与空间组合：30%

2. 环境构思与规划造型：30%

3. 图面表现及文字表达：20%

4. 结构与技术、经济指标的合理性20%

2016年浙江农林大学初试设计内容要求

一、内容要求（共150分）

1. 文字说明及植物名录（15分）

1）自拟设计主题，并阐明所作方案的总体目标、立意构思、功能定位及实现手段，字数200左右。

2）写出本设计中主要植物名录，不少于10种。

2. 方案设计（135分）

1）需将基地设计为台地园，并考虑与周围自然山林的融合。（35分）

2）要求按照题目要求，因地制宜地进行规划设计，提交1:500设计平面图。（80分）

3）绘制1张幅面不小于A3的鸟瞰图或2张能反映设计构思的效果图。（20分）

快题考试的训练思路

我们可以把这个问题拆分成设计和表现两个层面，简单来说，想要提高设计能力，要勤动脑；想要提高表现能力，要勤动手。换句话说，我们练习的过程就是在不断理清自己的设计逻辑和思路，与此同时，不断积累表现上的熟练度。训练时需注意以下几点。

① 了解评分规则，知道一张优秀的快题图所需要达到的要求，熟悉快题考试每个部分的考点。

② 对于自己的薄弱环节做针对性强化练习，如节点细化、路网排布等。

③ 多参考实际案例，从中总结概括，提取自己能用的素材。

④ 对于画完的图，一定要经过多次修改，精益求精，最好寻求能力更强的人来帮助评图。

⑤ 观察别人画图的过程和步骤，可以从中反思自己的错误、吸收经验。

2. 任务书解读

试题题目：校园休闲绿地设计

　　基地位于某校园图书馆西侧，用地面积约4900m²，呈L形，绿地一侧为图书馆阅览室，应保证阅览室不受噪声干扰，北侧是校园集散广场，西侧为教学主楼。在整体设计风格上需反映在校大学生的青春活力：整体设计的绿地率≥45%；同时要满足歌舞部、活动部等学生社团活动需求。

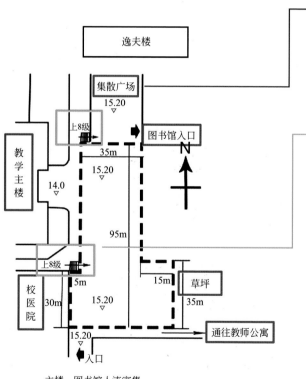

主楼、图书馆人流密集
最下方通往后街，人流较多

（1）场地性质与定位

・校园休闲绿地（如何体现校园氛围，青春活力）；绿地率大于45%。
・该场地人流量较大，承担较大比重的交通功能。若场地没有交代绿地率，且周边都是建筑，解题时要注重交通的通达性（对硬质包容很高的地块可绿地率对半分）。

（2）周边环境

・**集散广场**：满足人流集散。
・**图书馆**：环境静谧，不受噪声干扰；考虑室外景观视线的，收放景观的可观赏性。
・**教学主楼**：满足人流集散；就近设置活动场地，满足活动需求。
・**校医院**：考虑消毒水味道、隔菌、风向、植物配置；减少场地内部活动对医院的干扰。
・**南侧道路**：大量的人流集散。
・**草坪**：景观性、视线收放；不可开口。

（3）内部场地

・交通流线便捷通达。
・西侧与外环境有1.2m高差处理。
・注意建筑与植物的距离。

小贴士

　　（1）场地性质相当于人的性别，切勿混淆！任务书中若没有明确要求绿地率，且无"绿地""广场"字眼，应结合试题题目与周边环境确定绿地率。

　　（2）周边环境很重要！主次入口的选择、动静空间的布局、活动节点的设计等通常根据周边环境预测设计。仔细分析，对近似的外环境要注意区分，可能存在"狼坑"！！！

　　（3）场地内外时常会出现高差，要及时梳理，高差较大需要处理，不要入坑！

　　（4）注意指北针指向！

3. 时间分配

	任务		内容 / 注意事项	时间	
【3 小时快题】 **【6 小时快题】**	审题		阅读任务书、明确考点	10 分钟 /15 分钟	
	总平面图		构思 + 方案生成（标注：图名、比例、指北针、标高、索引）	80 分钟 /180 分钟	
	分析图		交通、功能、节点、地形、视线（结合题目要求）	5 分钟 /10 分钟	
	鸟瞰图		透视、空间	30 分钟 /45 分钟	
	扩初图	建筑平、立、剖	标注、索引符号	15 分钟 /30 分钟	60 分钟
	剖、立面图		标注	15 分钟 /30 分钟	
	设计说明		逻辑清晰、分点 / 段描述	5 分钟 /10 分钟	
	上色		配色舒适	15 分钟 /25 分钟	
	查漏补缺		机动时间（可分配给以上内容）	5 分钟 /15 分钟	

小贴士

（1）对于不要求上色的快题，上色时间可以自由调配至其他图幅。

（2）图幅内容针对大部分院校，有不同图幅要求的可相应替换。

（3）以上内容仅供参考，详细时间规划需自己根据对每个图幅的熟练程度、练习时间相应调整。

第二节　景观快题设计

4. 图纸表达

快题设计的构成

快题设计考试一般由总平面图、剖面图、立面图、扩初图、鸟瞰图（轴测图）、效果图（透视图）、分析图、标题、设计说明和经济技术指标构成。

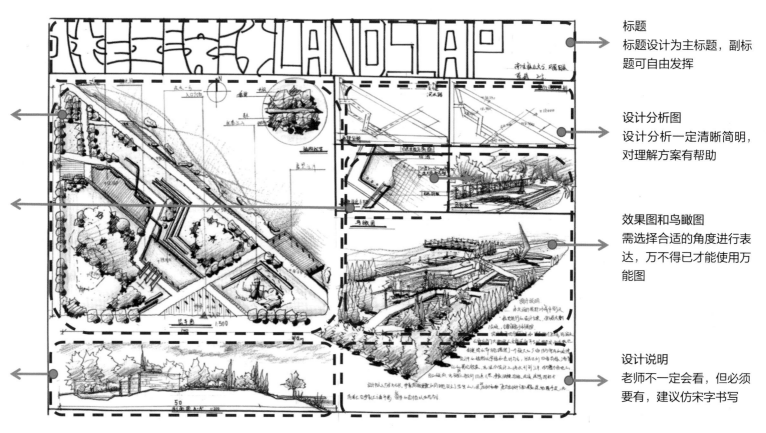

内容完整，表达清晰的平面图
总平面图在快题设计中是重中之重

局部详图（扩初图）
详图是总平面图的细部与深化，切忌照搬总平面图，标注规范合理

立面图
立面图是为表达设计、定性处理、天际线、空间层次等

标题
标题设计为主标题，副标题可自由发挥

设计分析图
设计分析一定清晰简明，对理解方案有帮助

效果图和鸟瞰图
需选择合适的角度进行表达，万不得已才能使用万能图

设计说明
老师不一定会看，但必须要有，建议仿宋字书写

小贴士

快题考试中平面图是最重要的，剖立面、效果图、鸟瞰图、扩初图、分析图等都是用来表达平面图的空间与细节的。

第一章 景观设计与景观快题设计

总平面图是快题考试中最重要、占分最多的一部分，直接体现着设计者的水平。总平面图的绘制思路是解决场地的核心矛盾，合理布局空间，组织交通流线，创造优美的园林景观。在绘制时，要注意设计规范和缩放比例。

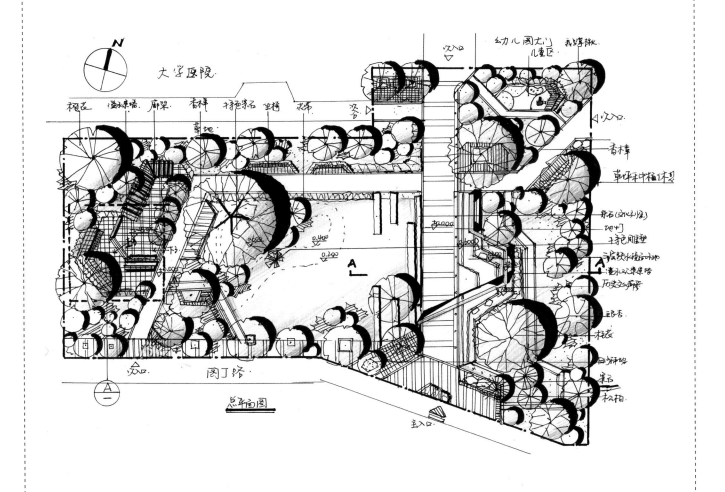

总平面图

小贴士

总平面图注意要点：

（1）注意制图规范和缩放比例，不能漏掉图名、比例、指北针。

（2）要与设计规范相符合，方案设计尽可能贴合实际。

（3）图面空间主次关系处理得当、清晰明了，功能分区合理。

（4）色彩表现美观大方、层次分明，手法熟练简洁。

（5）交代周边环境，并且充分考虑其对场地内部的影响。

（6）标注整齐，字迹工整，不破坏图面效果。

（7）对于有地形起伏的场地，需处理高差，不可作为平地处理。

（8）构图具有一定的秩序感，但是不能因为构图形式而影响使用功能。

第二节 景观快题设计

小尺度平面图

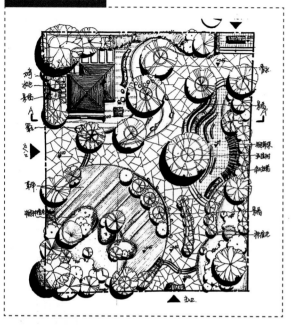

中等尺度平面图

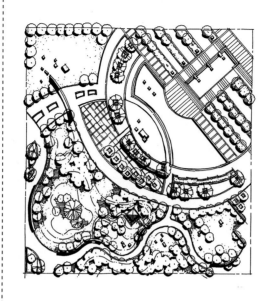

大尺度平面图

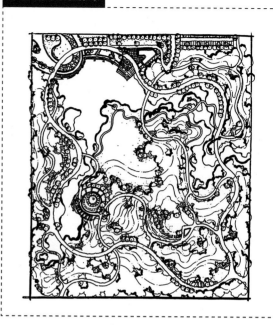

指北针图例：

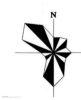

平面植物图例：

鸟瞰图

　　鸟瞰图可以直接看出场地的大体空间关系，需要将良好的手绘表现基础与合理的方案设计结合起来。鸟瞰图是整张图面中除总平面图以外占分最多的一部分，所以我们在鸟瞰图中花费的时间也要相对多一点。鸟瞰图的绘制并不要求十分准确，也不要求追求细节精致，只需简单勾勒出整个设计的大致骨架（水系形状、路网走向、植物空间、主要节点），让人可以对设计场地有更为直观的认知。

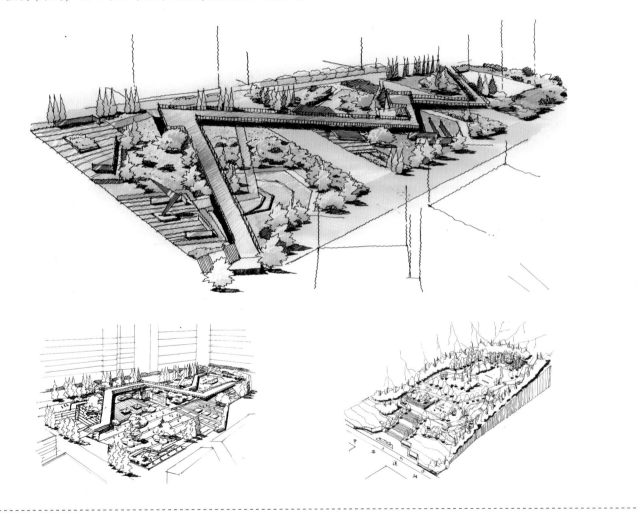

小贴士

鸟瞰图注意要点：

　　（1）鸟瞰图前期的透视角度需要慎重确定，透视角度对于最后图面的效果有很大影响，需要大量练习，掌握2～3个自己得心应手的角度。

　　（2）近大远小的透视关系，并且对近处景物的刻画应该比远处的更为精细，远景大致勾勒形状即可。

　　（3）平面图转鸟瞰图的时候，要把握好原场地的大致形状，最后的成图要能与平面图的形状对应。

　　（4）条件足够的话，适当画些体现周边环境的配景，更能锦上添花。

效果图

　　效果图有时又称透视图，体现了场地内局部空间和景物的实际效果。快题考试中的效果图一般要求一点透视或两点透视，视点以人视点为主，一般在快题考试中占分比重不是很大。所以我们绘制的效果图一般并不复杂，渲染出场地内的氛围即可。

小贴士

效果图注意要点：

（1）效果图应包含人物、植物、小品等。

（2）配景（植物等）应按照近大远小的规律多表现几个层次，以近景、中景和远景来体现纵深感和场景感。

立面图

立面图是从外部向场地内看去的整体面貌的体现，不直接体现场地的高差变化。

剖面图

剖面图是对场地竖向设计的最直观的表现，反映出所剖切部分在高程上的变化。

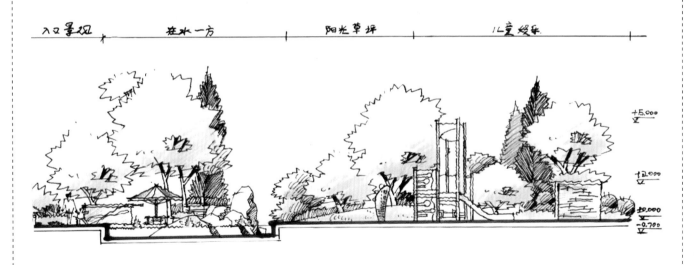

小贴士

剖立面图注意要点：

（1）植物种类丰富，层次多，形成起伏变化、形态优美的林冠线。

（2）注意要在总平面图中用粗线画出剖切符号，剖切符号的短边代表看线，即看到的方向；长边代表剖线，即所剖到的部分。

（3）立面图中的地平线是一条细实线。

（4）剖面图中的地形线要加粗，注意若剖切到构筑物也需要画出其剖面图。

（5）适当画一些配景，以人物为例，可以体现出人与环境尺度的对比。

（6）在左侧或右侧标高，一般3～5个即可。

（7）对于图中的重点内容，用引线标注。

（8）对于剖切到的各个区域可以标注其名称。

扩初图

　　扩初图是以更大的比例对总平面图中的一个节点或一个区域进行进一步深化和细化，也就是把一些无法体现在总平面图中的布局和具体元素在图面中表达出来。

　　扩初图中包含对材料的详细标注，快题考试中的扩初图通常要有3～6种材料的详细标注（需涵盖植物、构筑物、铺装），详细标注的格式如下：尺寸＋颜色＋面层＋材质，例：20mm厚800mm×800mm芝麻白火烧面花岗岩铺地或800mm×800mm×20mm芝麻白火烧面花岗岩铺地。

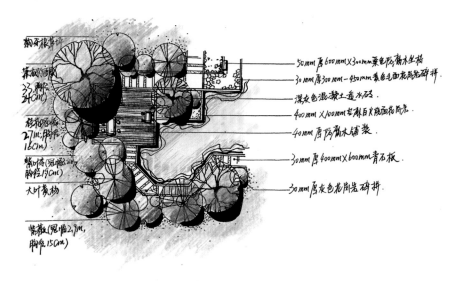

小贴士

扩初图注意要点：
（1）对于扩初的部分，在总平面图上需以虚线框标识出来。
（2）扩初图图名处需注明比例。
（3）通常硬质铺装与软质的交界处会有收边石材。
（4）扩初图要比总平面图画得更细致，图例和铺装都要有一定变化。

常见植物种类

　　（1）灌木：八角金盘、龟甲冬青、海桐、大叶黄杨、红花檵木、洒金桃叶珊瑚、红叶石楠。
　　（2）藤本：常春藤、紫藤、凌霄、爬山虎、蔷薇、金银花。
　　（3）花卉型地被：麦冬、蝴蝶兰、萱草、连翘、二月兰、玉簪。
　　（4）草坪：马尼拉、狗牙根、结缕草、假俭草。
　　（5）水生植物：溪荪、水葱、香蒲、菖蒲、芦苇。
　　（6）竹类：凤尾竹、刚竹、佛肚竹。
　　（7）耐水树种：垂柳、池杉、落羽杉、水杉、乌桕、枫杨。
　　（8）孤植景观树：雪松、银杏、玉兰、鹅掌楸、红枫、早樱。
　　（9）行道树：法桐、香樟、无患子、青桐、泡桐、乌桕、榉树。

常见铺装种类

　　（1）常见尺寸：30mm厚（人行）、50mm厚（车行）300mm×600mm、200mm×400mm、300mm×300mm、200mm×200mm……
　　（2）常见石材面料处理方式：仿古面、酸洗面、荔枝面、菠萝面、剁斧面、蘑菇面、拉丝面、水洗面、亚光面、抛光面等。
　　（3）常见石材种类：花岗岩、大理石、鹅卵石、板岩、文化石等。

分析图是设计者希望借此更好地表达自己的设计意图，传达设计的合理性，使读图人在第一时间明确设计者的意图，如交通组织、功能分区、景观格局等。分析图种类很多，目前的分析图相对来说没有严格的规范，但大致可以分为以下几类：

功能分区分析图、景观分区分析图、交通流线分析图、道路交通分析图、景观格局分析图、景观视线分析图、绿化种植分析图、概念分析图。

总平面图

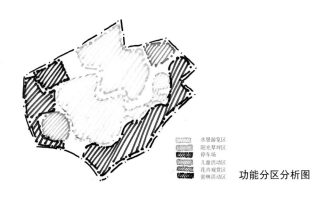

水景游览区
阳光草坪区
停车场
儿童活动区
花卉观赏区
密林活动区

功能分区分析图

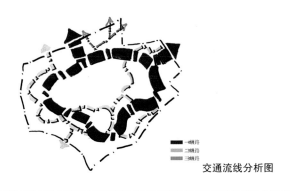

一级路
二级路
三级路

交通流线分析图

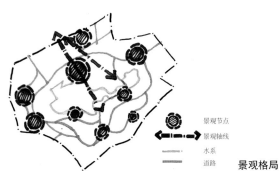

景观节点
景观轴线
水系
道路

景观格局分析图

第二节　景观快题设计

常见线条种类

常见节点种类

标题

标题也是快题考试中不可或缺的一部分，一个美观的标题可以给阅卷老师良好的第一印象，与最后的分数也有着或多或少的关系。通常标题的形式与画图的速度直接挂钩，若自己画图速度比较快，则可以选用较为完整的标题；若时间十分紧张，则更推荐简单工整地将题目写上去。注意：部分院校考研时要求给出标题。

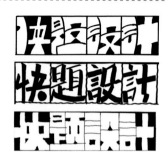
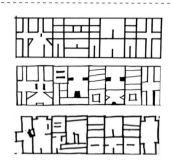

经济技术指标

名称	数量	单位	计算方式
总用地面积		hm²	任务书给定的红线内的总面积
总建筑面积		m²	红线内所有建筑各层面积的总和
容积率		/	总建筑面积÷总用地面积
建筑密度		%	（建筑基地总面积÷总用地面积）×100%
绿地率		%	（红线内所有绿地的总和÷总用地面积）×100%
绿化覆盖率		%	（绿化在地面的垂直投影面积的总和÷总用地面积）×100%
停车位		个	红线内设置的停车位个数

设计说明

逻辑大纲：
· 现状概述（区域—场地—周边—现状）
· 设计目标（场地性质）
· 设计原则（设计理念）
· 细节（空间布局、景观视线、设计手法、种植设计、水系规划等）

设计说明案例：

基地位于北方某郊区的封闭式疗养院的山坡。北侧是城市道路，东侧为中式风格的疗养院建筑。场地为坡地，存在一定高差，植被丰富，山麓西侧的山顶有一个清代的六角古石亭。

考虑到这是一处疗养院的休闲后花园，主要使用人群需要安静自然的疗养环境，故将场地设计成一处中式风格的内向型山地园。园内设置了无障碍通道以供行动不便者观赏游览，也设置了带台阶的道路以便快速通行。考虑到雨洪管理的问题，在分水岭下营造了雨水花园景观。此外在场地内的制高点设置了一处古亭，与山顶古亭形成对景。

场地内幽静清新，以浓郁的自然山水风光取胜，是一处疗养佳地。

线条练习

　　线条是快题考试的基础，是向老师展示设计思维的载体。因此，线条的好坏对快题考试的分数有着直接的影响，必须给予重视、勤加练习。在线条练习的过程中，尤其要注意用笔的方式，仔细体会手、腕、肘的发力对线条的影响，画出线条的轻重、浓淡、疏密关系，让线条在自然、顺畅中得到轻松的展现。

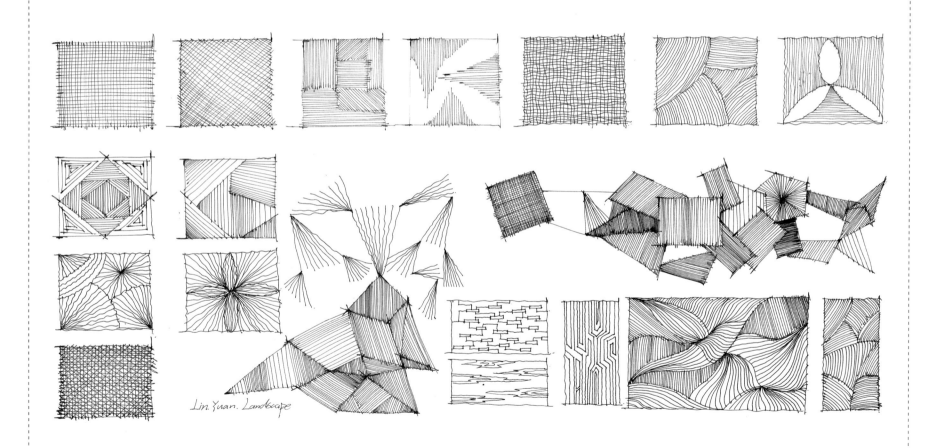

Lin. Yuan. Landscape

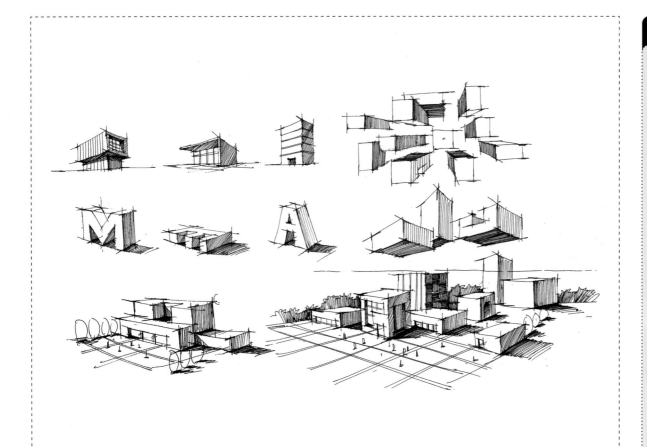

画直线的注意要点：

（1）注意控制起笔和收笔的力度，缓缓起笔，缓缓收笔，两头重，中间轻。

（2）注意不要一直练习短线条，练习长线条更能帮助提高稳定性。

（3）注意准确性，当练习垂直组线条的时候，每一根都要尽量做到垂直，并且尽量让每两根线条的间距相同，其余线条练习同理。

（4）注意姿势，每个人都有自己最舒服的姿势，不必刻意模仿，但要在练习中实践总结，找到最适合自己的姿势。

（5）适当断线，当你感觉一根线条已经快要失控或者出现卡顿的时候，自然地将其断开，然后再接着画下一根线条，注意第二根就不能太过草率，要尽量与前一根保持同一趋势。

小贴士

画曲线的注意要点：

（1）不要紧张，手臂、手腕、手指保持放松。

（2）不要害怕画错，就算已画错了也不要停顿，尽量按照原定的轨迹一笔画完，曲线的姿态自然优美，更加需要流畅。

（3）曲线的难点在于转折处，我们可以先凭空画几次，感受一下这根曲线的走势及特点，做到心中有数，这样再下笔，也就更加自信了。

上色常常是整个图面内容表达的最后一步，也是不可或缺的点睛之笔。上色也占据了快题分数的一部分，而上色本身通过一定量的练习是可以在考试中很快完成的，所以上色的分数性价比很高，应该好好把握。此外，一张色彩表现优秀的快题与一张没有上色的快题放在一起，是十分容易脱颖而出的；在两张水平相当的快题中，色彩好看的那一张也更容易获得阅卷老师的青睐。

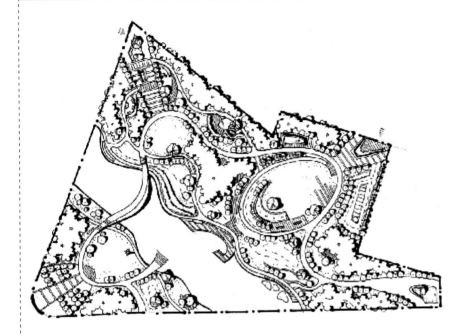

上色前

色彩能够提升图面的活跃度，不同的颜色能够反映场地内不同设施，让老师快速了解图面内容，为老师提供方便，就是在为自己争夺分数。所以，我们要重视色彩表现，勤加练习，总结出自己的配色方案，形成自己的配色风格。

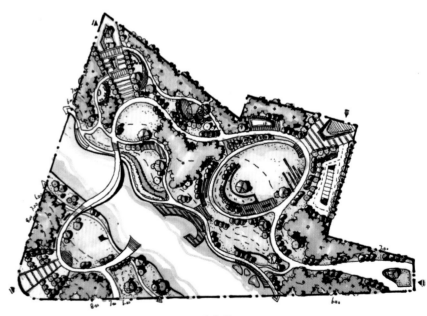

上色后

第二节 景观快题设计

马克笔上色

马克笔运笔一般分为点笔、线笔、排笔、叠笔、乱笔等。

植物马克笔上色

快速平面上色多形成块面和排线两种表达。

以树云为例：

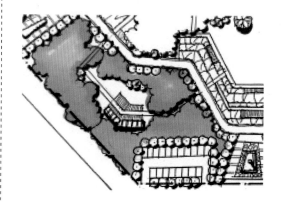

块面

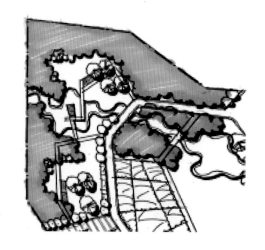

排线

小贴士

注意事项：

（1）开始和结束线条的时候用力要均匀，线条要干脆有力，不拖泥带水。

（2）块面：笔速要快，前后笔触容易晕染柔和。

（3）排线：平行排线，切忌方向杂乱，整个图面排线方向建议统一，保证图面整体和谐。

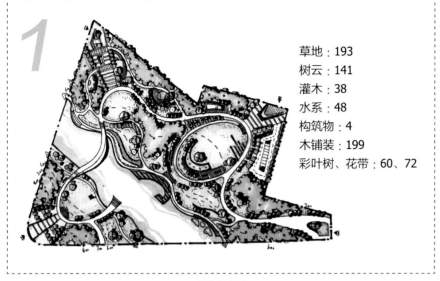

1

草地：193
树云：141
灌木：38
水系：48
构筑物：4
木铺装：199
彩叶树、花带：60、72

凡迪常规系

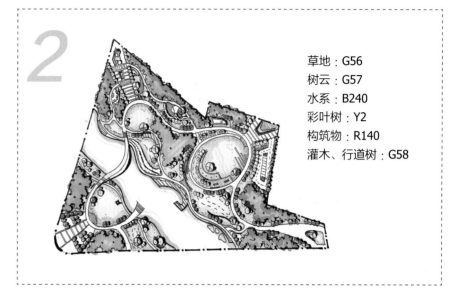

2

草地：G56
树云：G57
水系：B240
彩叶树：Y2
构筑物：R140
灌木、行道树：G58

法卡勒常规系

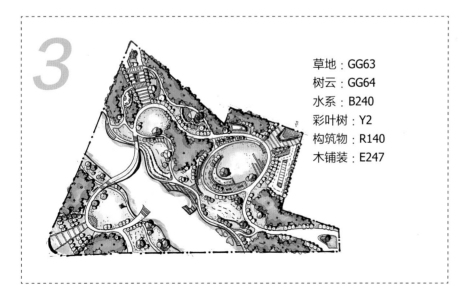

3

草地：GG63
树云：GG64
水系：B240
彩叶树：Y2
构筑物：R140
木铺装：E247

法卡勒高级灰 1

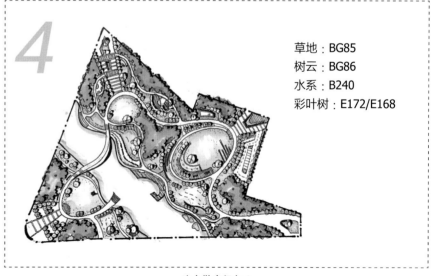

4

草地：BG85
树云：BG86
水系：B240
彩叶树：E172/E168

法卡勒高级灰 2

第二节 景观快题设计

彩铅上色

一般常用的线条的表达、排线的方式与素描一样，采用平行排线，即线条的平行排列。

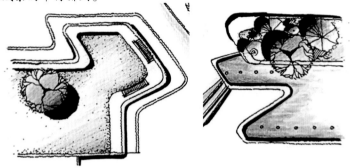

小贴士

注意事项：

（1）线条的表达、排线的方式一般采用平行排线。

（2）尽量不要出现交叉排线，这样会显得图面很乱。

（3）在快题考试中，由于一般情况下留给上色的时间很少，采用一种颜色平涂法来涂草地、水等即可。如果时间充足留有半小时甚至更长的时间，可以部分叠色（如草地、水体、植物图例等地方）。

配色方案

1

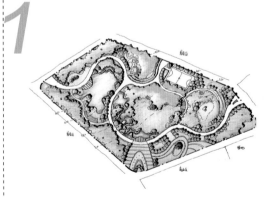

草地：471+少量483　　水体：449
云树：476+少量478　　植物：478+487
铺装：483、430

辉柏嘉配色 1

2

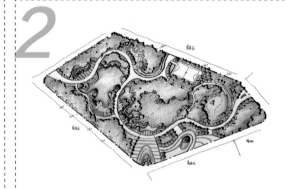

草地：472+少量471　　　　水体：451
云树：457　列植树：459　　铺装：432
孤植树：478+少量483　　　花带：430
木栈道480

辉柏嘉配色 2

3

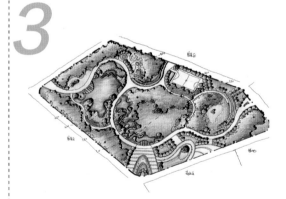

湖面：449　　　　　　　云树：459
草地：372+少量483　　喷泉：453
花带：483、435　　　　孤植树：478
木栈道：476

辉柏嘉配色 3

"一个城市，并不等于就是一堆建筑物，相反的，是由那些被建筑所围圈、所划分的空间构成。"

——贝聿铭

第二章

场地分析与平面构成

—— 一个泡泡图，N 种平面的玩法 ——

第一节 场地分析

一、场地定性

快题审题第一步就需要了解考查的场地类型是哪种：广场用地还是公园绿地？附属绿地还是区域绿地？关于绿地类型的考查基本上可以通过大标题来判断。历年快题真题中考查得较多的绿地类型（新绿规）有：公园绿地（包含专类园和游园）、附属绿地（校园绿地和居住区绿地）和区域绿地（包含湿地公园和郊野公园）。

二、场地分析

当拿到题目完成场地定性后，需要对场地条件进行分析，一般可以从场地现状、区位环境和服务对象这三个方面进行考虑。

1. 场地现状

主要包括基地位置、用地面积、基地形状、地形地质、保留条件等几个方面。

① 基地位置：根据题目所给条件确定基地是位于中国北部、江南地区还是海南地区，不同的地区其植物种植、水体设计也不同。

北方地区常见乔木：国槐、青杨、小叶杨、蒙古栎、梓树、楸树等；常见灌木：珍珠梅、日本小檗、榆叶梅、连翘、紫丁香、暴马丁香、红瑞木、水蜡等；常见草本植物：三色堇、大丽花、翠菊、黑心菊、波斯菊、百日草、萱草、玉簪等。

江南地区常见乔木：悬铃木、香樟、广玉兰、罗汉松、鹅掌楸、榉树等；常见灌木：海桐、枸骨、黄杨、狭叶十大功劳、桃叶珊瑚、洒金东瀛珊瑚、冬青等；常见草本植物：山麦冬、宽叶麦冬、沿阶草、吉祥草、石蒜、红花酢浆草等。

海南地区常见乔木：椰子树、大王棕、中东海枣、蒲葵、棕榈、木棉、高山榕等；常见灌木：扶桑、花叶假连翘等；常见草本植物：美人蕉、满天星、一品红、红苋草、万寿菊、孔雀草、鸡冠花、彩叶草、非洲凤仙等。

② 用地面积：场地大小不同，其空间划分、路网结构、节点细化的程度也不同。场地越小，空间划分越少，路网结构越简单，节点细化程度越高；场地越大，越注重其动静分区、路网等级、空间对比关系等内容。

③ 基地形状：基地形状不同，运用的构成线性语言与园路形式也会有所差别；以南京林业大学2018年快题真题为例（图2-1），场地较为狭长，不适合用较为炫酷的折线或正交形式构图，园路也不适合在场地上半段形成比较完整的环形。

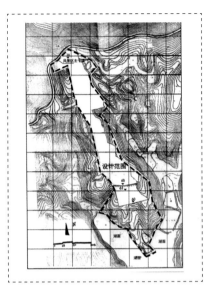 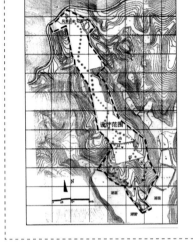 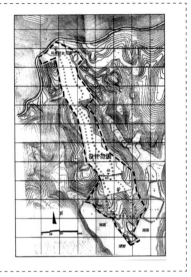 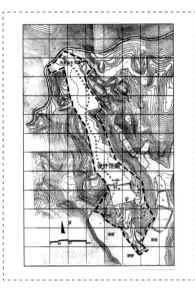

南京林业大学 2018 年真题　　　　　　不合适　　　　　　　　　不合适　　　　　　　　　合适

图 2-1　南京林业大学 2018 年快题真题示例

④ 地形地质：历年快题真题中，常见的高差地形有草坡、山丘、洼地、陡坎等，不同高差地形的处理手法可见第六章高差处理考点。

⑤ 保留条件：历年快题真题中，场地中常见的保留元素以保留植物、保留建筑和保留水体为主，根据题意考虑对保留元素的处理与是否保留，一般来说景观性比较好的保留元素如古树名木、具有历史意义的建筑、结构完整的水塔/灯塔/雕塑等考虑予以保留的同时可形成场地中比较重要的景观节点。

2. 区位环境

不同区位环境对设计定位和边界的处理具有不同的要求，如山地、平地、湿地、周边道路、河流、商业区、居民区、文娱设施等。

1）当场地周围是自然山体或绿地植被的时候，需根据题意判断是否需要考虑场地内外的元素衔接与联系，如图 2-2 所示，左上图为山地公园，场地东侧与南侧为自然地形与林地，不宜开出入口，同时设计时需考虑植物内外的衔接与过渡。

右上图为校园广场，场地东侧为绿地，考虑与红线隔着道路且为分散地块，可考虑在场地东侧进行入口设置，同时根据题意形成观景停留空间。

小贴士

（1）画图时一定记得根据题目中给出的不同地区进行不同的植物选择。

（2）切记：小场地注重细化，大场地注重规划！

（3）前期画图建议多多尝试不同构图形式，考试时才能做到临危不乱。

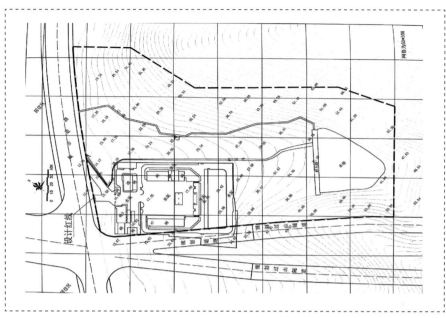
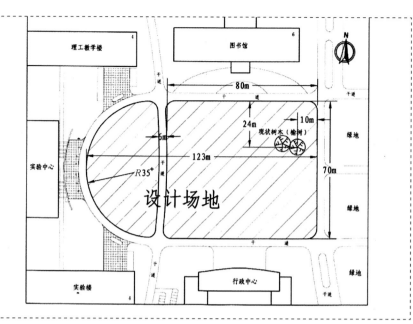

图 2-2　区位环境示例

2）当场地周围是商业区或人流较大的硬质场地时，需考虑设计较大的硬质场地作为人流集散场所，同时可以设置一些半停留的休憩场所（如树阵广场、树池座椅等）

3）当场地周围是居住区时，考虑设计除主入口外的次入口承载人流，方便居民的使用，同时就近设计一些儿童活动场所、老人活动场所满足儿童、老人的娱乐活动。

3. 服务对象

通常可从任务书或基地区位环境推测基地的潜在服务对象，如居民区需考虑老人、小孩活动场所，商业办公区需考虑办公人员的休憩场所，电影院需考虑年轻人的娱乐休闲场所。

小贴士

不同区位环境的处理大家可先自行思考绘制，具体节点绘制方式可参考本书节点细化与要素组合版块。

三、泡泡图与平面构成

完成场地定性与场地分析后，我们需要考虑进行功能分区与泡泡图的绘制。泡泡图即在方案生成初期，用一系列设计语言去表达设计构想和功能关系的概念图。很多快题初学者提笔上来就画得很细，不利于方案的整体把握。泡泡图和功能分区图是相通的，功能分区图是大致划分功能区域，泡泡图则是在功能分区图上的概念深化。

1. 泡泡语言的表达

① 点状元素：主要用来表达重要的景观节点、人流节点、潜在冲突点等，如水景、雕塑、孤景树等。（图2-3）

② 静态线状元素："之"字形的线条可以表达线性的垂直元素，如墙、栏杆、防洪堤等。（图2-4）

③ 动态线状元素：带着箭头的线性符号，用来表达流线关系、路径方向等动态的功能关系，可以通过不同的线条及粗细，划分其重要性。（图2-5）

④ 面状元素：不规则的面状体，也就是"泡泡"，常常用来表示功能分区。泡泡中间可以包含其他泡泡，从而表达空间的套叠结构；而规则的形态往往用来表示建筑或者结构体。（图2-6、图2-7）

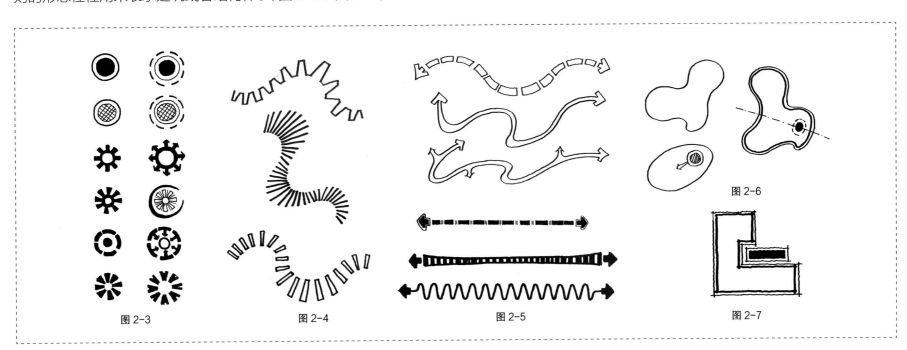

图2-3　　　　图2-4　　　　图2-5　　　　图2-7　　图2-6

2. 泡泡图的深化

以南京林业大学某年真题为例，第一步：进行场地定性，根据标题可知场地类型为街头绿地，属于公园绿地中的游园，因此可判断出其绿地率需控制在65%左右。（图2-8）

第二步：对基地环境、基地现状条件进行分析，推测人群使用需求，划分功能分区，根据人流量大小，判断道路流线方向。（图2-9、图2-10）

第三步：细化分区，塑造节点，在泡泡图与方案之间加入曲线、直线、折线等任一形式，刻画节点细节，完成方案。（图2-11、图2-12）

试题题目：街头休憩公园设计

某一滨江新城计划在沿江市青少年活动中心前，城市规划预留三角绿化用地，开辟为休息性公园（面积在1hm²左右），考虑到小公园附近人流集散比较多，科技文化活动气氛较浓，沿江视野开阔，确定"城标"雕塑（基座4m×7m）设在小公园内，要求能与其他园林要素配合成为公园与街道主景。小公园为开放性公园，对原地形允许进行合理利用与改造，尽可能利用原有树木，园内可以设置少量园林服务性建筑，如音乐茶座、小卖部、亭、管理房、厕所等。

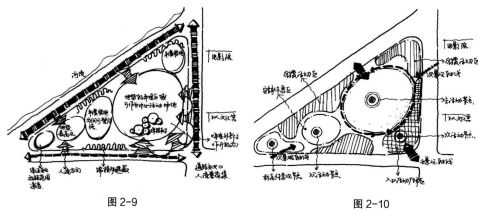

图2-9　　　　　　　　　　　　　　　图2-10

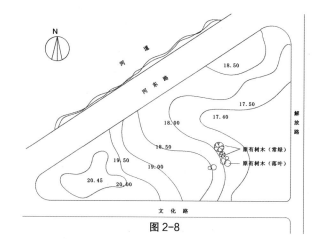

图2-8

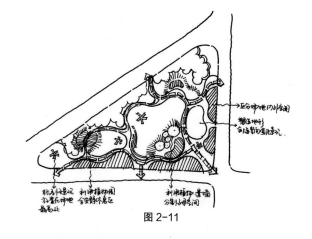

图2-11

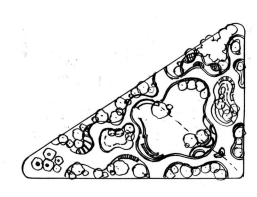

图2-12

第二节　平面构成

构成例题一：某高校广场绿地设计

一、场地概况

设计场地如右所示平面图，图中打斜线部分为设计场地，总面积约7000余平方米，标注尺寸单位为米。设计场地现状地势平坦，土壤中性，土质良好。

二、设计要求

请根据所给设计场地的环境位置和面积规模，完成方案设计任务，要求具有游憩功能。

具体内容包括：场地分析、空间布局、竖向设计、种植设计、主要景观小品设计、道路与铺装设计以及简要的文字说明(文字内容包括设计场地概况、总体设计构思、布局特点、景观特色、主要材料应用等)。设计场地所处的城市或地区大环境由考生自定(假设)，并在文字说明中加以交待。 设计表现方法不限。

三、内容要求

平面图(标注主要景观小品、植物、场地等名称)、主要立面与剖面图、整体鸟瞰图或局部主要景观空间透视效果图(不少于3个)。

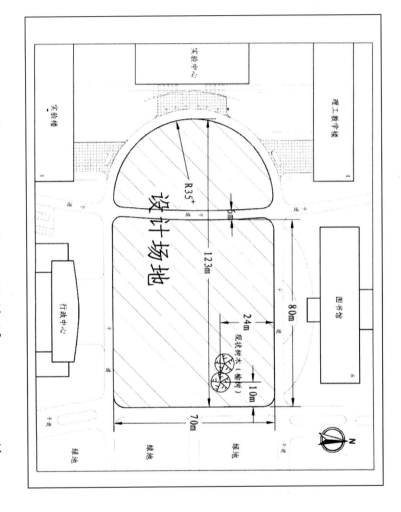

小贴士

不同的区位环境的处理大家可先自行思考绘制，具体节点绘制方式可参考本书节点细化与要素组合板块！

泡泡图

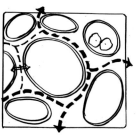

本图构成要点：

1. 以反凹、同心圆发散的形式来形成大小不一的空间节点，并通过流动感较强的铺装线来串接节点、引导视线。

2. 通过改变曲率与线性方向来形成另一种形式感强的异曲线构成，以空间的咬合关系在保证广场通达性强的同时来形成空间之间的联系。

3. 曲形的水景空间结合直线正交的种植空间来联系被路径划分的两块场地，通过两者的线性连接来起到较好的衔接作用。

4. 场地的衔接处理方式同上，但右半部分通过一些曲线与圆弧发散来呼应左半部分的曲线平面构成。

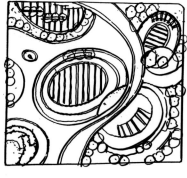

曲线构图

异曲线构图

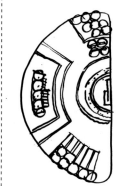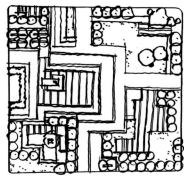

混合型构图 1

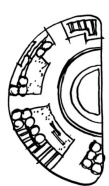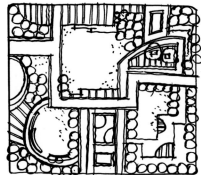

混合型构图 2

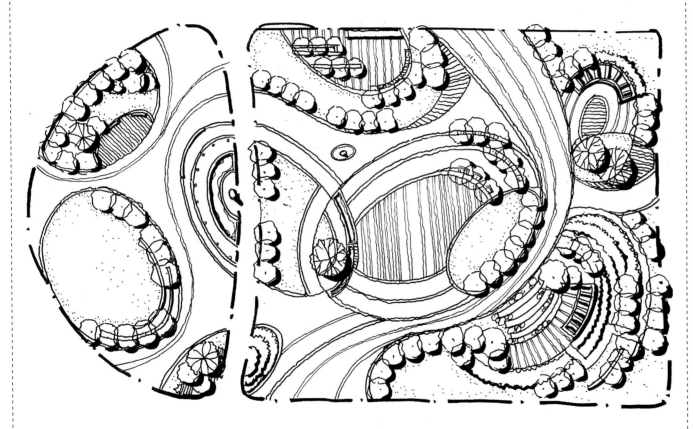

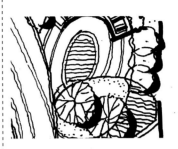

保留植物 + 休憩空间设计

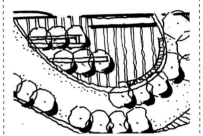

对外半停留空间设计

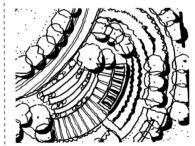

安静休息空间设计

第二节 平面构成

构成例题二：体育休闲公园设计

一、概况

　　江南某著名城市努力打造"休闲之都、生活品质，文化之城"，在城市各区兴建各类型城市公园，提升城市景观形象，提高城市居民的社会福利水平。在该城市的西侧，根据城市总体规划拟建城市健身休闲公园，面积约为1.2hm²。场地东、西两侧为红线宽度20～30m的城市干道，北侧为红线宽度40m的城市主干道，南侧为宽30～40m城市河道，沿河绿地景色佳。场地四周以商业、居住用地分布为主（具体设计用地现状平面图见右图）。要求在规定的区域内，设计一个以周边居民为主要服务对象，配设相关游憩、健身设施，并有一定特色，能反映地方文化内涵的城市公园。

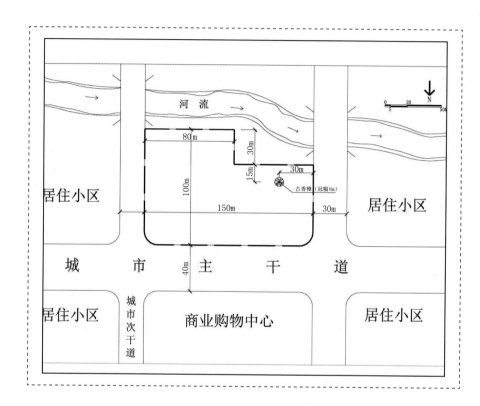

二、内容要求

　　平面图1张（比例1∶300～1∶500）。
　　鸟瞰图1张或效果图2张。
　　不少于150字的设计说明。

三、考试要求

　　绘图规范、工整、美观，符合园林绘图的一般要求。
　　能分析场地，并根据场地条件和设计要求确定设计内容。
　　园林空间整体布局合理，功能完善，景观丰富，并具有地方特色和文化内涵。
　　地形、植物、园路铺装、建构筑物布局合理，且能体现设计主题和风格。

泡泡图

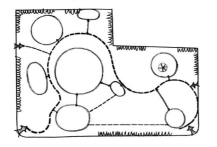

本图构成要点：

1. 运用45°折线打破原先垂直水平构图，节点设计贴合折线形设计构成，植物结合折线大小程度营造不同空间。

2. 运用多线形方向进行折线设计，以力量感较强的折线为主，用大小折线的穿插营造不同空间环境。

3. 运用圆曲线形串接场地内的节点，根据道路等级采用不同的圆曲率营造不同的大小空间，节点结合道路线形进行设计，将二者线形统一。

4. 运用弯折性较大的曲线进行构图，风格性较强，节点结合线形设计，部分节点可通过道路延伸形成视觉焦点或活动节点。

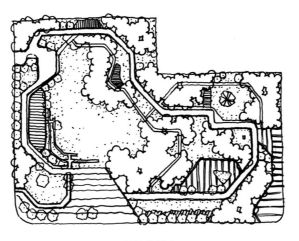

折线构图1

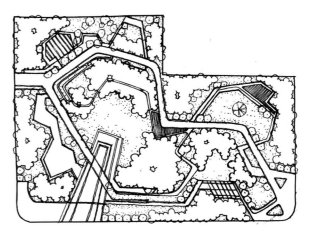

折线构图2

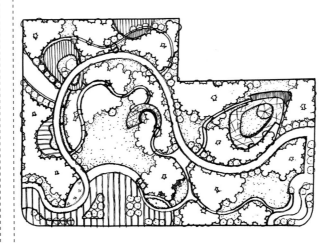

曲线构图1

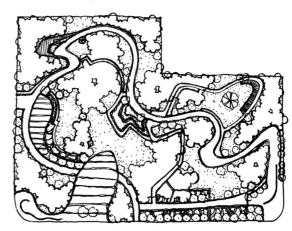

曲线构图2

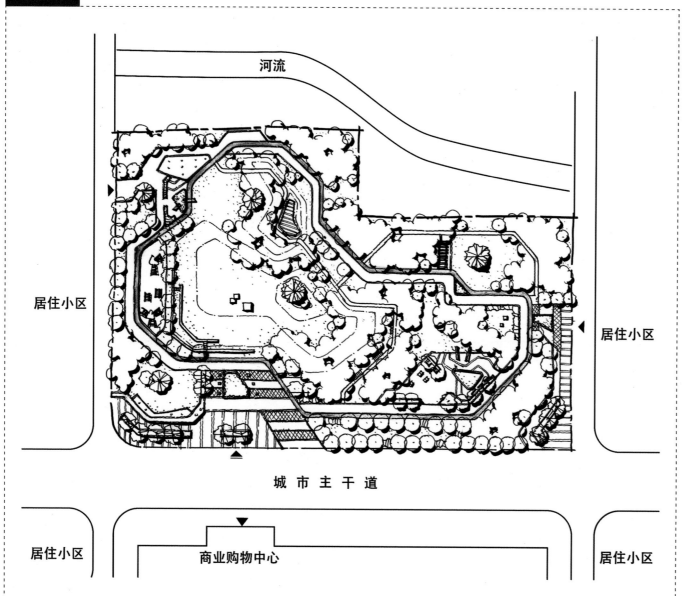

河流

居住小区

居住小区

城 市 主 干 道

居住小区

商 业 购 物 中 心

居住小区

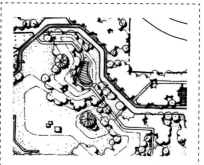

微地形结合构图形式设计

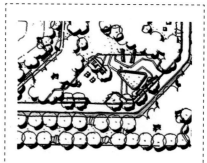

儿童老人健身活动区设计

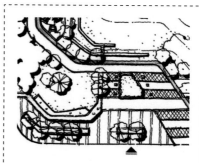

主入口铺装、植物引导人流

构成例题三：居住区公园设计

一、场地概况

公园位于北京西北部的某县城中，占地面积约为3.3hm²，北为南环路、南为太平路、东为塔院路。用地东、南、西三侧均为居民区，北侧隔南环路为居民区和商业建筑。用地比较平坦，基地上没有植物。

二、规划目标

公园要求体现现代开放性公园特征，成为周围居民休憩、活动、交往、赏景的场所。

三、公园主要内容及要求

公园不需要建造围墙和售票处等设施。在南环路、太平路和塔院路上可设立多个出入口，并布置总数为20～25个轿车车位的停车场。公园中要建造一栋一层的游客中心建筑，建筑面积为300m²左右，功能为小卖部、茶室、活动室、管理、厕所等，其他设施由设计者决定。

四、答题说明

设计说明和设计图均完成在A1幅面的绘图纸上。
设计说明务必条理清晰、字迹工整，可在设计平面图恰当位置书写。
规划设计正图均要求用墨线绘制在绘图纸上，徒手与辅助工具绘制均可。
图中未注明的现状情况，可不予考虑，也可考生自拟。

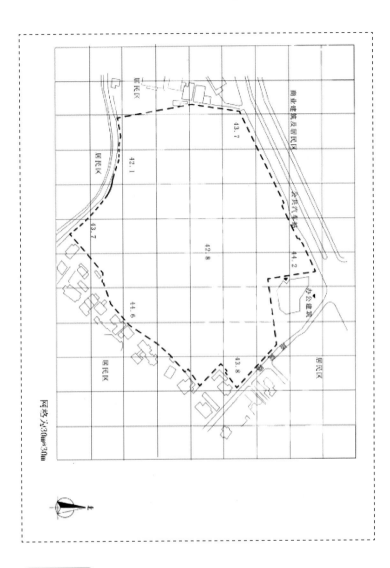

小贴士

不同区位环境的处理大家可先自行思考绘制，具体节点绘制方式可参考本书节点细化与要素组合板块！

泡泡图

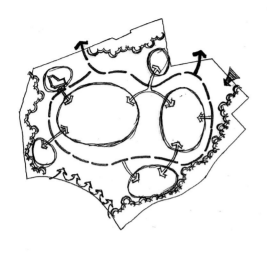

本图构成要点：

1. 运用折线交接的形式进行平面构成布局，并通过建筑、小品以及植物等元素进一步凸显折线的张力感。

2. 采用圆曲线与直线交接的方法进行方案构图，同时结合地形、建筑以及植物围合等方式烘托圆曲线的柔和感。

3. 整体采用大曲线贯穿场地，小曲线串联空间的处理手法，并结合较强张力感的地形设计而提高场地曲线的优美。

4. 通过椭圆、卵形以及曲线的结合，实现了场地游览线路的流畅与优美，并结合地形与建筑的处理进一步提高了线条的流畅度。

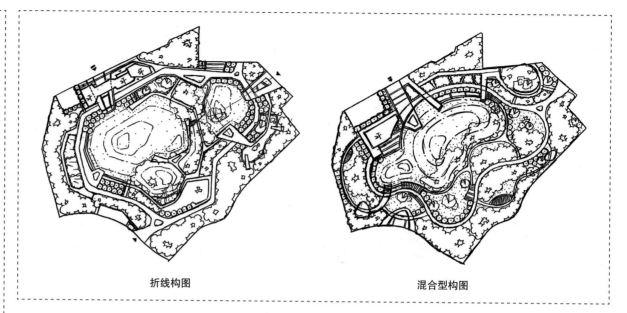

折线构图　　　　　　　　混合型构图

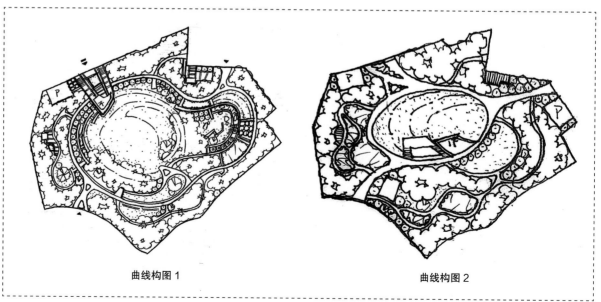

曲线构图 1　　　　　　　曲线构图 2

商业建筑及居民区

办公建筑

居民区

公共汽车站

居民区

居民区

居民区

北

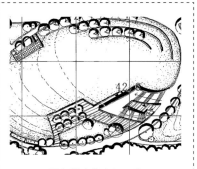

服务性建筑空间设计

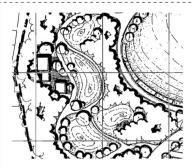

趣味景观空间设计

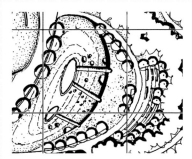

儿童活动区景观空间设计

第二节 平面构成

构成例题四：花卉博览园景观规划

一、概况

　　长三角地区某城镇响应"美丽乡村"建设号召，持续进行生态旅游，特色休闲产业发展，现拟结合当地景观苗圃种植基地，利用其闲置用地建设花卉博览园。

　　该花卉博览园红线范围如图所示，占地面积约4hm²，基地南侧为城市公路，西侧毗邻现状主入口与已有建筑，北、东面均为内部建成道路，并与现状苗圃、发展备用地隔路相邻，基地内部土地基本平整，局部有凸起，现有需保留古树若干，并有现状沟塘水系穿行，常水位标高15.2m。注可根据设计意图适当改造地形及水系。

　　该花卉博览园不得向城市道路增设道路出入口，需结合现状内部道路情况进行交通组织。基地内部可结合现状道路情况，规划车行道。须设置地面停车场一处(停放小型车辆20辆)；规划设计花卉博览中心(位置自定，总建筑面积2000m²左右，可局部2层，仅进行总图设计)；分析现状水系情况并适当改造；进行开放空间绿化景观设计，形成功能合理、空间丰富的滨水游览景观；设计具有景观特色的滨水小茶室1座，建筑面积150~180m²，功能自拟；其他景观功能、设施可根据花卉博览与游憩路线自定，应体现特色主题，注重场所空间的营造。

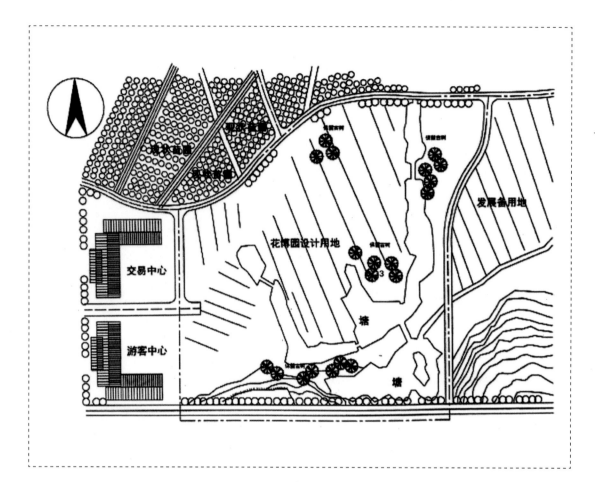

二、图纸要求

　　1. 总平面图（1：500，重点绘制花卉博览园区，注明主要设计标高）。

　　2. 花卉博览园鸟瞰图或轴测图。

　　3. 景观分析图（内容图幅大小自定）。

　　4. 各类分析图和剖面图若干。

泡泡图

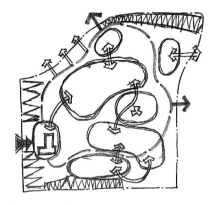

本图构成要点：

1. 运用折线与直线交接穿插的方法进行布局，并与建筑、水体以及植物空间布局相协调，以凸显场地主题。

2. 运用大曲线与折线渐变的交接手法布局场地，并对建筑、水体等景观做协调处理，进一步烘托线条的张力感。

3. 采用曲线与折线的混合处理手法，极大程度地丰富了平面构成的丰富度，也满足了交通系统所需的流畅性。

4. 采用自然式线条与大曲线交接的处理手法进行布局，极大程度地提高了场地的自然性。

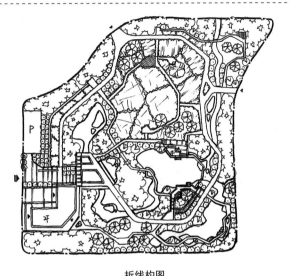

折线构图

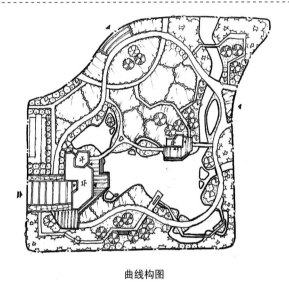

曲线构图

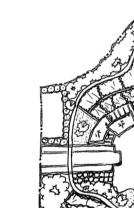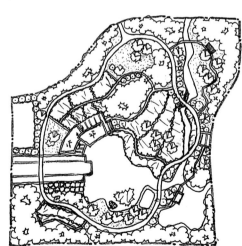

曲折线交接构图

混合型构图

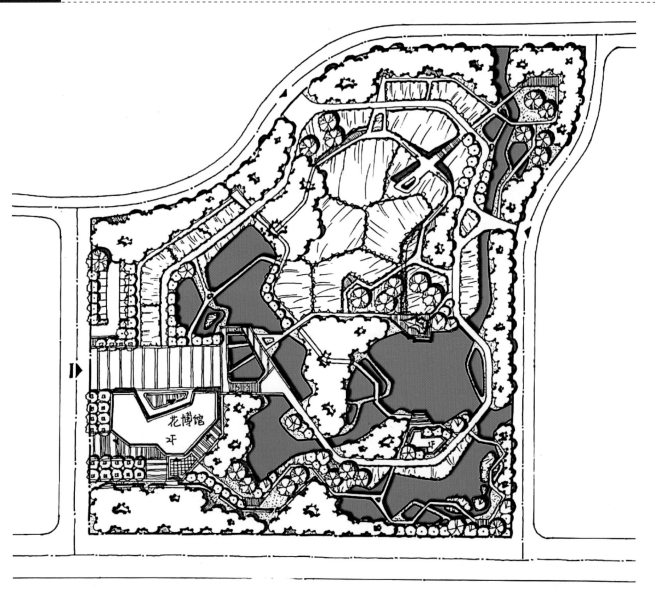

观花挑台设计

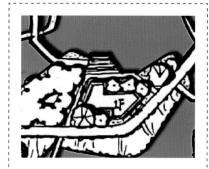

林泉茶室景观

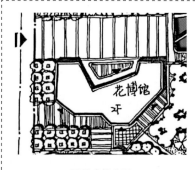

景观建筑布局

构成例题五：生态湿地公园设计

一、概况

　　某城市滨水区域欲退耕还湖，建设生态湿地公园。水域常水位为12.50m，枯水位为11.00m，丰水位为13.00m。本次设计范围为生态湿地公园的其中一个景区，主题自定。基地总面积约为5万平方米，北面和东面均为沿大湖面的塘堤，南面和西面为生态湿地公园的规划电瓶车道，宽度为5m，设计标高为15.00m。基地内有三个水塘，两栋废弃的民居，若干片生长良好的柳林和农田。

二、设计要求

　　本设计要求具有明确清晰的景区主题。

　　公园以生态休闲功能为主，必须考虑雨水的净化与利用。

　　要求充分考虑场地的水位变化，提出合理的设计对策。

　　要求方案内必须设计码头、观鸟屋、茶室和厕所建筑。

三、图纸要求

　　需将基地设计为生态湿地公园，并明确本景区的主题；

　　要求按照题目要求，因地制宜地进行规划设计，提交1：500设计平面图；

　　绘制一张1：200的面积不小于3000m²的局部放大平面，要求绘制详细的铺装、建筑小品和植栽设计；

　　绘制两张1：200的节点断面图；

　　绘制1张幅面不小于A3的鸟瞰图或2张能反映设计构思的效果图，其中一幅效果图必须表现观鸟屋。

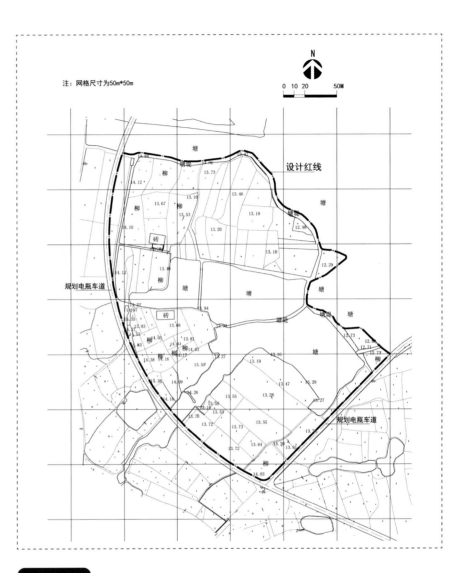

注：网格尺寸为50m*50m

小贴士

　　不同区位环境的处理大家可先自行思考绘制，具体节点绘制方式可参考本书节点细化与要素组合板块。

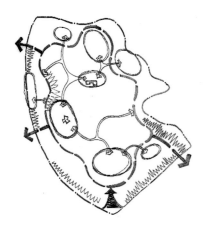

本图构成要点：

1. 运用圆曲线串联场地的手法进行布局，同时结合水体形态、植物空间布局等元素以凸显场地的湿地景观特性。

2. 运用折线式布局掌控场地，再结合自然式水体景观，以避免场地平面构成的单一与死板。

3. 通过曲线与直线的交接处理，形成方案平面构成的主基调，便于快速明确各空间的性质。

4. 通过大曲线与折线的交接对场地进行布局，并结合水体、建筑、植物等元素，极大程度地凸显了场地中人工与自然相结合的特点。

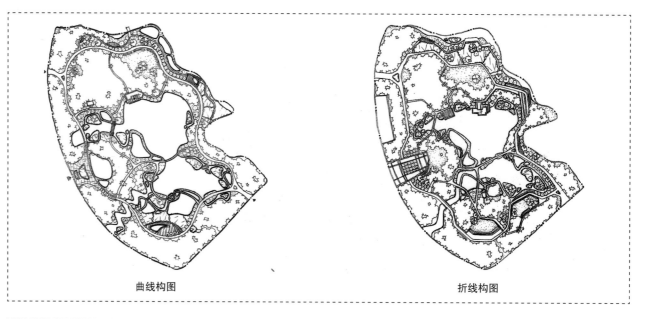

曲线构图

折线构图

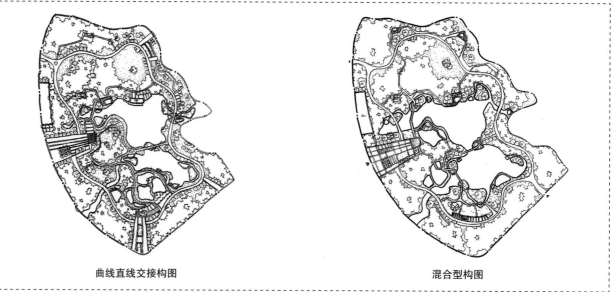

曲线直线交接构图

混合型构图

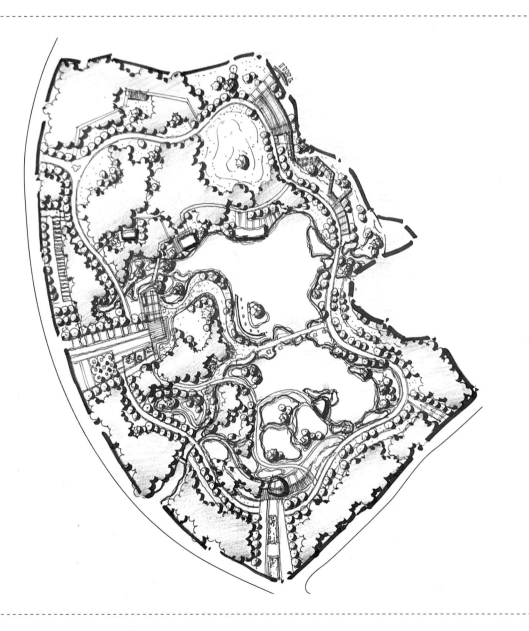

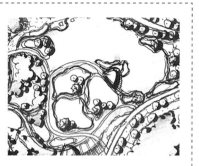

生态岛屿景观

湖岸漫步景观

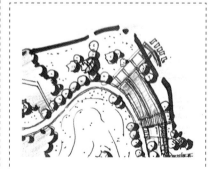

滨水码头景观

"有吸引力的城市公共空间，就像一个成功的聚会，人们在这里逗留时间总比预期更长一些，因为这里有吸引人们可以逗留的有趣的事情正在发生。"

——扬·盖尔

第三章

32 例节点细化与要素组合

节点细化的核心在于要素的组合

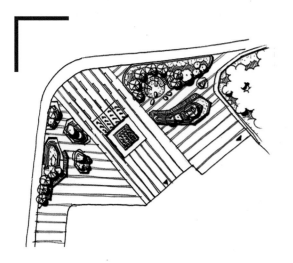

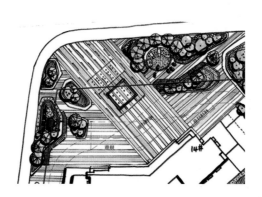

节点 1

1. 平面构成

入口采用直线构图引导人流，而两侧采用卵形花坛与座椅，构成休息洽谈区域。

2. 空间组织

通过铺装划分为若干个不同的区域，小空间的围合也各有特色。

3. 细节设计

中心广场的水景喷泉为入口增添活力；休闲区的花坛造型形成统一。

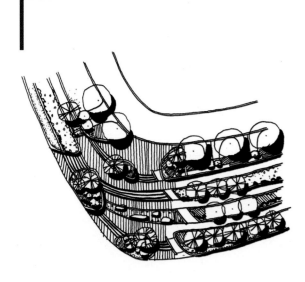

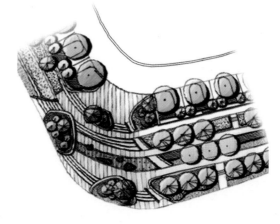

节点 2

1. 平面构成

拐角处采用弧线构图，可以柔化边角并且呼应形式，并通过线型的发散完成构图。

2. 空间组织

既有入口集散空间、观景空间，又有右侧的半私密休息空间，功能丰富。

3. 景观节点细节设计

三个大小不同的卵形花坛结合高差处理，配有色叶树种与植物组团，使得季相景观更加丰富有趣。

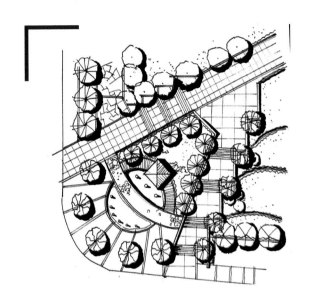
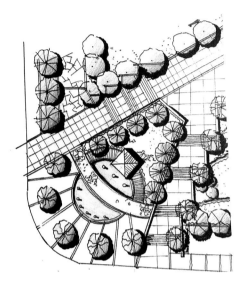

节点

1. 平面构成

该入口通过两条处理手法不同的入口道路形成一个小型集散广场，结合圆形水景和亭子来丰富景观效果，并以亭为中心发散。

2. 空间组织

两条道路将场地划分为通行区和集散区，同时集散区内部通过丰富的景观创造出了一块观景停留空间。

3. 细节设计

高差处理采用台阶结合挡土墙的方法，通过错位沿路创造出停留空间。

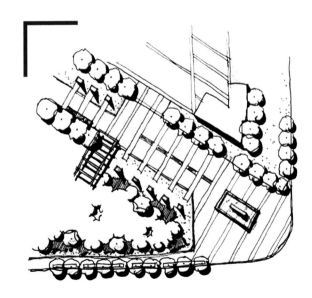
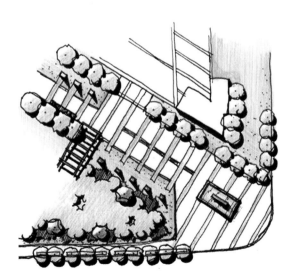

节点 4

1. 平面构成

该入口通过线性的水池和阵列的灯柱增强了指引性，入口道路末端一边拓宽形成入口广场，有较强的整体感。

2. 空间组织

入口集散空间兼顾景观功能，水池的引入加强了对人的吸引，并利用入口区一侧的绿地营造小型休憩空间。

3. 细节设计

平面化的水池中加入了竖向上有高度的水景墙，将入口广场划分为一大一小两个通行空间，丰富了空间变化。

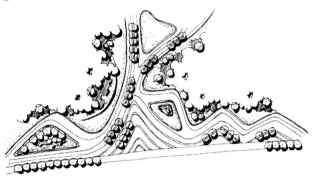
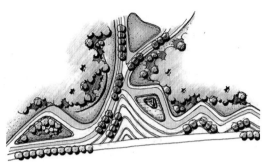

节点 5

1. 平面构成

采用类似折线的张力曲线构图，入口广场和内部场地形成"放-收-放"的序列。铺装线有很强的流动感，指引游人行进方向。

2. 空间组织

利用曲线的弯折处形成小型空间，种植池也顺应场地边缘和铺装的形式。

3. 细节设计

三个种植池形状、功能、植物配置都有所区别，并将各自附近的场地划分成了不同的通行空间。

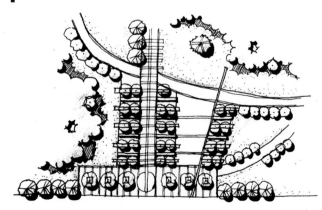
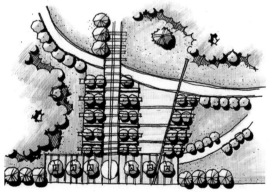

节点 6

1. 平面构成

主入口空间采用矩形构图，一侧插入斜线来打破形式，并依此形成小型活动集散场地。

2. 空间组织

入口空间开敞来承载大量的人流，主轴线空间保证其通畅性，其两侧运用行列树、条石和整形灌木营造休憩空间。

3. 细节设计

主轴横向铺装：为了避免死板，横向伸出进而嵌入草坪，加强两者衔接。

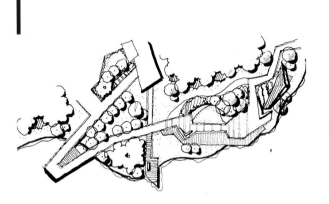
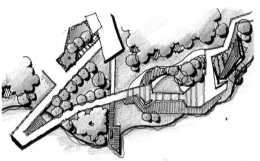

节点 1

1. 平面构成

整体采用折线构图，产生很强的延伸感，增强挑台的亲水性。挑台尖角部分扩大形成休憩平台，削弱了尖锐感。

2. 空间组织

亲水空间变化丰富，有亲水、近水、临水的层次变化。结合高差的变化，营造出丰富的亲水体验序列。

3. 细节设计

贴近水面的平台采用木质，给人轻盈自然的感受。

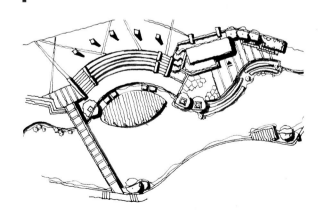

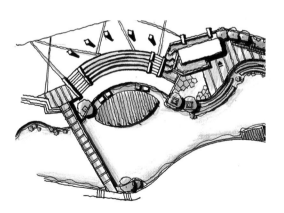

节点 2

1. 平面构成

采用有韵律感的规则曲线来营造岸线的曲折变化，并以岸线为基础进行有规律的扩散，形成亲水和台阶景观。折线元素的加入则采用垂直的方法与曲线产生衔接。

2. 空间组织

可划分为建筑前集散休憩空间、跌水观赏空间、亲水平台和台层。

3. 细节设计

处理高差采用台阶、挡土墙、跌水、景观桥等方法，手法丰富。

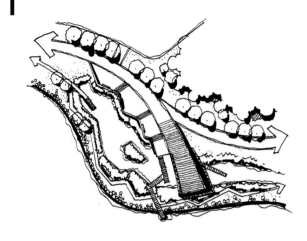
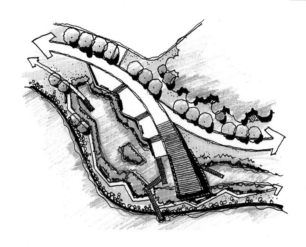

节点 3

1. 平面构成

采用弧度较大的曲线构图,将道路自然拓宽形成挑台。依附于挑台一侧用折线做台阶来丰富构图。挑台下方空间则是自然式构图,结合湿地进行生态景观的营造。

2. 空间组织

结合高差创造出高(挑台)中(台阶)低(湿地)三个层次的景观空间。

3. 细节设计

外侧采用自然式的碎石驳岸,内侧则是湿生植物营造的湿地景观。

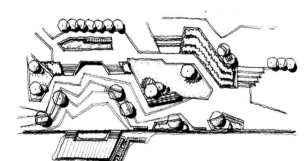
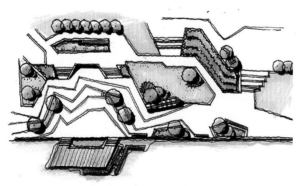

节点 4

1. 平面构成

结合平直的城市河道人工驳岸,运用折线线型创造人工化的滨水广场。整体结构均衡,类似六边形构图,广场上则采用不规则折线来产生变化。

2. 空间组织

采用台阶、草阶、草坡、覆土建筑来处理高差,以临水广场作为空间主体。硬质驳岸不宜进行破坏,故而用小尺度木平台提高场地亲水性。

3. 细节设计

座凳结合种植池提供休憩空间。

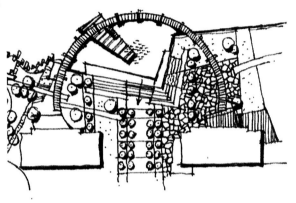
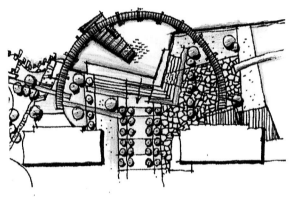

1. 平面构成

硬质驳岸空间运用折线，结合台阶处理高差形成层级式景观。运用半圆形的木平台丰富构图，并与入口轴线结合形成场地主要结构框架。

2. 空间组织

分为硬质折线亲水空间和木质弧线入水空间。硬质两侧用草坪进行与水体的过渡。

3. 细节设计

圆形栈道中嵌入一块梯形平台，结合阵列式景观灯柱，扩大了活动面积。

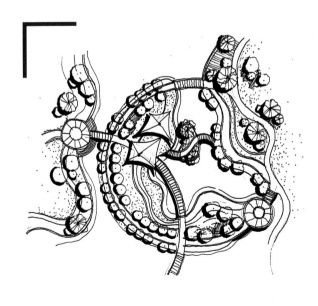
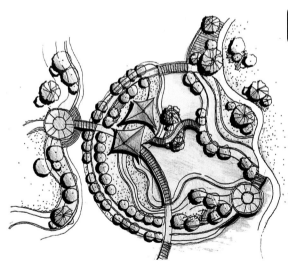

1. 平面构成

两个相同半径的圆弧道路构成了整个场地的基本形式。岸线采用自然曲线的线型来处理硬质驳岸，体现出了自然与人工的结合。

2. 空间组织

水岸两侧是活动和观景空间，中间堤岛承载了交通功能和休憩功能。堤岛与岸线形成的湾部作为戏水活动区域。

3. 细节设计

水面中间利用小岛作为交通枢纽。

第二节　滨水活动场地

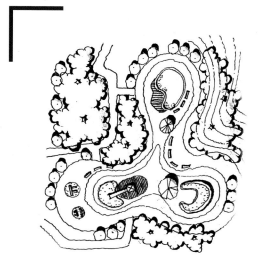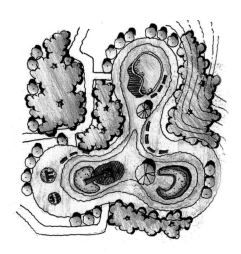

节点 1

1. 平面构成

顺应等高线的走向，以近似半圆的曲线串联三个卵形活动场地，结合曲线型的铺装进一步加强空间分隔。三块场地中的节点布置也是卵形或卵形的切割，变化丰富而有趣味。

2. 空间组织

下方的两块场地是儿童活动区，整体偏动态的区域；上方的空间结合水景和木平台形成休憩观赏空间。

3. 细节设计

结合形式，放置小型游乐设施。

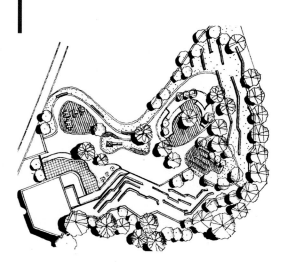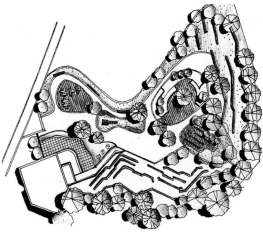

节点 2

1. 平面构成

整体结构由不同线型划分成了若干块空间。曲线空间面积最大，空间变化最多；折线空间利用曲折的低矮石墙形成座凳，方便人群进行休憩交流。

2. 空间组织

动静分区明确，活动空间边缘结合休憩设施，方便家长看护。静坐交流空间呈线性，对人流起到引导性作用。

3. 细节设计

建筑与活动区交界采用水景来丰富景观效果。

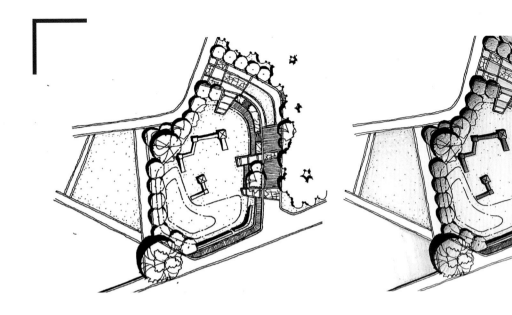

节点 **3**

1. 平面构成

不规则的折线构成场地外部轮廓，并逐渐向内部扩散渐变，结合形式设计为家长等候空间。活动空间基本平整，局部制作微地形供儿童游玩。

2. 空间组织

空间疏密对比、动静划分明确，中心舒朗作为主要活动空间，边缘用植物组团进行围合和隔离。

3. 细节设计

休憩空间局部挑出成小平台，增加趣味性。

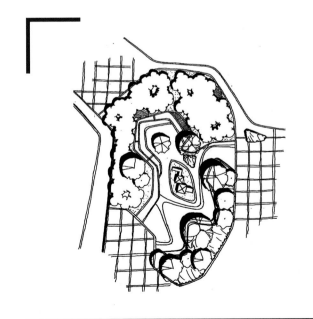
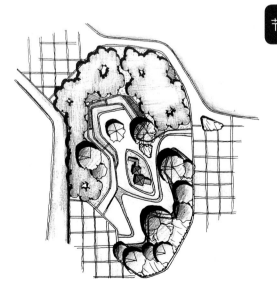

节点 **4**

1. 平面构成

采用折线和曲线相结合的构图方式，并把折线转角部分进行倒角柔化。曲线铺装划分空间并引导人流。

2. 空间组织

分为绿化围合区、儿童活动区和家长看护休息区，彼此之间相互渗透又通过植物和铺装有所分隔。

3. 细节设计

休息区周边多种植高大乔木，为休息的人遮阴。

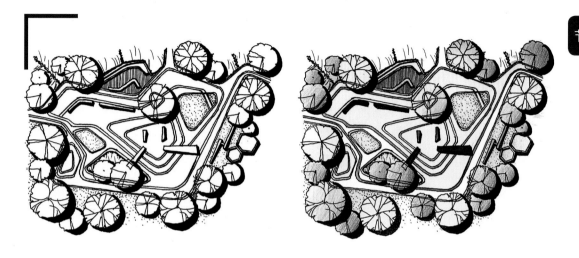

节点 1

1. 平面构成

健身活动区承载较大人流，因此采用角度较大的折线营造活动空间。顺应场地采用折线型铺装进一步划分为主次空间。

2. 空间组织

核心区开敞，面积较大，便于人们活动。边缘利用折线内凹的空间形成小型休憩场地。整体呈中心偏动、周边偏静的空间感受。

3. 细节设计

折线转折处都进行倒角保证流畅。

节点 2

1. 平面构成

以极具张力的大折线进行构图，且将设施与线性协调布局，使得图面既丰富又统一。

2. 空间组织

以开敞式布局为主，尽可能减少植物、小品等对场地的分割，且通过特定铺装去切分场地。

3. 细节设计

折线的转折自两侧向中间渐变，折线布局较为和谐，通过四棵景观树与相关设施，对场地进行景观视线集中。

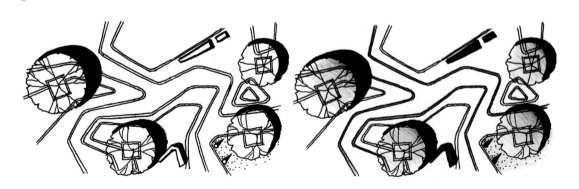

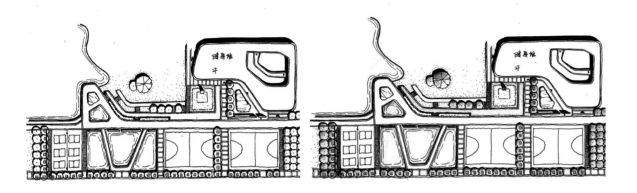

节点 3

1. 平面构成

户外健身运动场地与水体、树阵相结合采用行列式布局，健身场馆、观光草坪以及湖岸景观以垂直相交手法与健身场地产生联系。

2. 空间组织

将健身活动空间与休憩观光空间做分割式处理。

3. 细节设计

运动空间经过分区归纳，以规则式景观将其联系；休憩观光空间，以阶梯步道实现移步易景。

节点 4

1. 平面构成

节点以直线破折线为主基调，将软、硬质交互式布局，实现动静空间交融式的布局形式，并结合高差，实现立体式景观视线变化。

2. 空间组织

健身活动场地与草地、步道及树阵相协调，有效地实现了人流的集散与场地的统一。

3. 细节设计

通过草地与步道的分割，实现了不同活动场地的区分与协调。

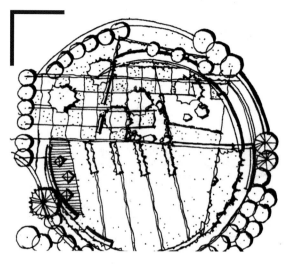 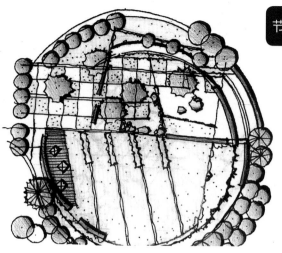

节点 *1*

1. 平面构成

以圆形为主基调，通过与直线的垂直相交避免了构图上的单调，大面积的开敞软质和嵌草性硬质空间的联系，丰富了场地的景观变化。

2. 空间组织

以软质为主的开敞性中心休憩场地，集中式的硬质空间布局于场地左侧，并将道路呈环状布局于场地边缘。

3. 细节设计

嵌草空间既承载了场地的南半段的开敞空间，也极大程度地丰富了景观。

节点 *2*

1. 平面构成

场地采用椭圆放射式构图，将重心偏向场地左侧，丰富场地不同空间的景观视觉感受。

2. 空间组织

在场地重心处采用半围合式布局，有利于实现视线上的集中，右侧布局为开敞式草坪空间，凸显场地的主次对比。

3. 细节设计

场地重心偏向于左侧，避免人流活动上的不协调。

节点 3

1. 平面构成

节点采用向心式螺旋状布局构图方法，加以渐变、交接等手法相辅助，强有力地凸显了场地的中心空间。

2. 空间组织

节点主空间布局于场地中心处，与四周采用开敞式布局，实现众星拱月的景观格局，并结合便捷的交通流线设计。

3. 细节设计

节点的景观层次依托于平面构成基础呈放射式延展。

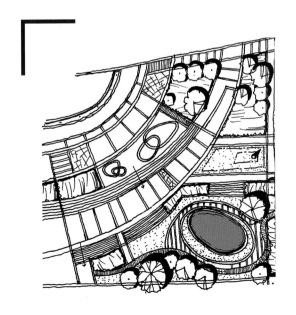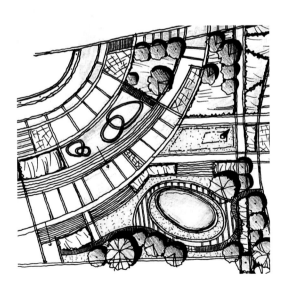

节点 4

1. 平面构成

采用弧形放射式布局，结合台阶实现场地多层次景观营造，从而实现立体式景观空间格局。

2. 空间组织

为动静衔接式中心活动节点，通过高差实现立体空间上的动静转变，极大程度地实现了形式与功能的有机统一。

3. 细节设计

在场地南侧与东侧做了多个对景关系。

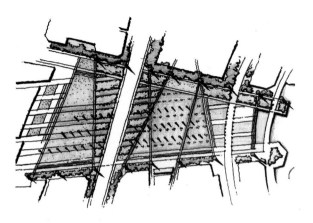

节点 5

1. 平面构成

以直线交接为基调，以平行、渐变等手法，实现节点平面构成的形式的丰富性与多样性，同时避免了平面线形的呆板。

2. 空间组织

采用开敞空间布局，通过两条主渐变线与行列式布局的景观灯柱形成强有力的视线引导，并最终以亲水空间作为结景。

3. 细节设计

用植物减弱线性交接造成的尖锐感。

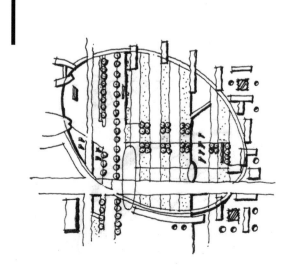

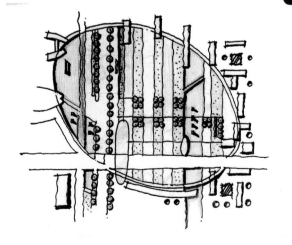

节点 6

1. 平面构成

节点采用椭圆与垂直线形的交接为基础，并且椭圆以倾斜式布局，实现场地景观的集中和内容丰富。

2. 空间组织

场地主交通流线布局于场地南端，从而在极大程度上避免了人流对场地的过多干扰，同时节点主空间区域采用开敞式设计，并与草地、水体相衔接。

3. 细节设计

场地自右向左实现了规则式水体、草坪以及规则式旱溪景观的渐变协调。

节点1

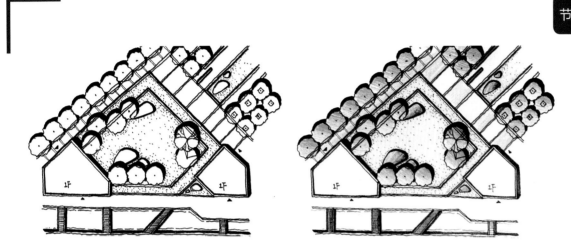

1. 平面构成

采用垂直交接布局方法，结合建筑与高差层级的变化，实现场地视线上的集中，并形成强有力的视线及游览导向。

2. 空间组织

场地采用集中式的设计，以阶梯草地为主空间，并通过垂直的道路引导与平行的景观衔接。

3. 细节设计

该节点在线条转折与交接上有效地避免了锐角的出现。

节点2

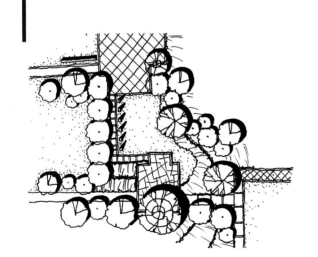
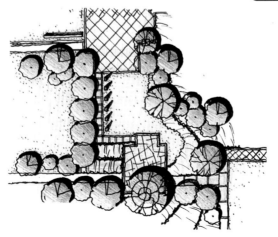

1. 平面构成

采用规则式布局，以垂直交接为硬质空间处理方法，对软质空间，以行列式线性布局与自然曲线式布局相结合。

2. 空间组织

场地中部为主休憩空间，北侧与南侧为人流集散空间，场地以中部草坪为整个节点的视觉中心。

3. 细节设计

节点内通过四面植物围合方式的不同以及场地铺装手法的多样性，突出场地的重心。

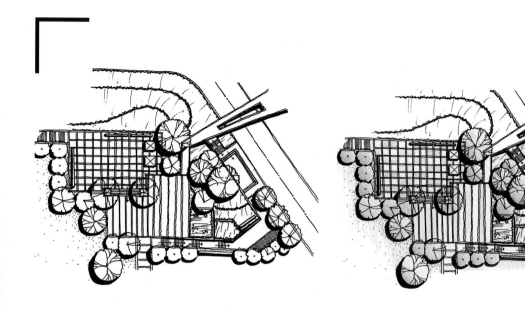

节点 3

1. 平面构成

采用转折、垂直相结合的处理手法进行布局，并融入层级高差的变化去实现场地性质的表达与刻画，以上中下三层空间来展现场地的景观变化。

2. 空间组织

场地为三层空间，中层空间为人流集散场所；下层空间为流动式静态景观；上层空间为集中式安静休憩空间。

3. 细节设计

在中层空间通过天桥实现观景方式及人流集散的多样性。

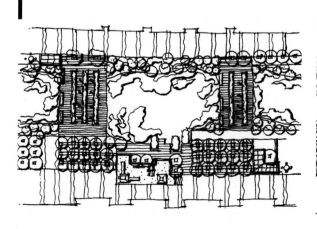
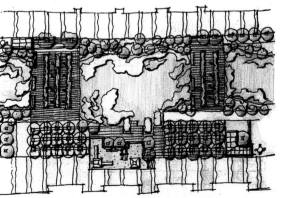

节点 4

1. 平面构成

采用规则式布局，通过材质的搭配、软硬质景观的有机结合，较好地协调了场地的动静关系的衔接与转变。

2. 空间组织

节点整体采用通透式布局，以合理的交通布局形成动静空间布局，形成以水为主、因水而变的景观布局。

3. 细节设计

在对亲水空间的处理上，运用了植物隔离、亲水铺装、近水步道等多种处理手法。

节点 **5**

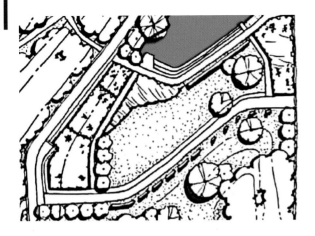 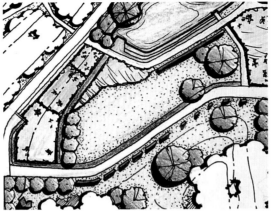

1. 平面构成

以折线式布局为主基调，并融入圆角、平行等形式，极大程度地体现场地必须满足的安静、游览、驻足等特性。

2. 空间组织

场地整体采用中间开敞、四周围合的方式，实现了观光视线的汇集，通过疏林草地、休闲草坪、亲水驳岸的渐变，营造出场地由高到低的景观变化。

3. 细节设计

通过将折线转折处以圆角相衔接，极大地凸显了场地的自然性。

节点 **6**

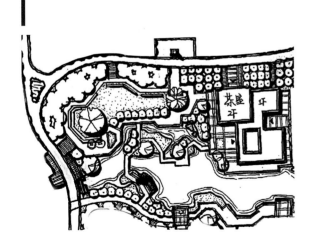 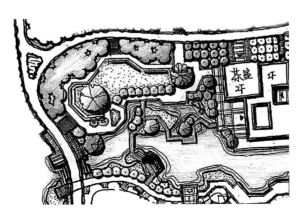

1. 平面构成

模仿古典园林的折线式布局，并融入现代公园的自由曲线式道路，突出表达了场地的静谧氛围。

2. 空间组织

采用院落式布局，场地四周通过山、水、建筑、植物以及相关园林小品进行空间围合，并对内部道路做曲折式处理，以实现移步异景。

3. 细节设计

该节点中对水体景观，如桥、闸、轩等景观的刻画较为精细、明确。

第七节　快题构成要素

1. 地形

地形是人类活动的基础，是构成园林的骨架。在景观中，地形是组织景观中其他要素和空间的主线。

（1）创造小气候条件

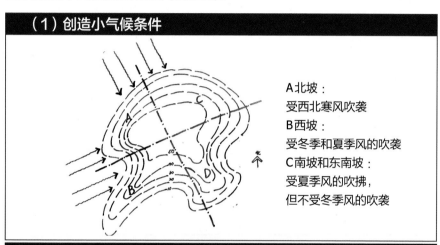

A北坡：
受西北寒风吹袭
B西坡：
受冬季和夏季风的吹袭
C南坡和东南坡：
受夏季风的吹拂，
但不受冬季风的吹袭

（2）独立作为观赏景观

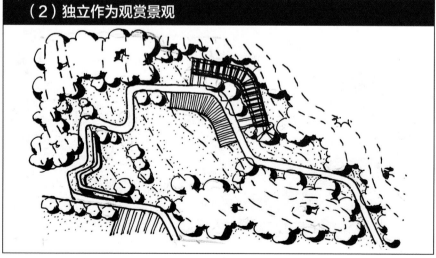

（3）分隔景观空间

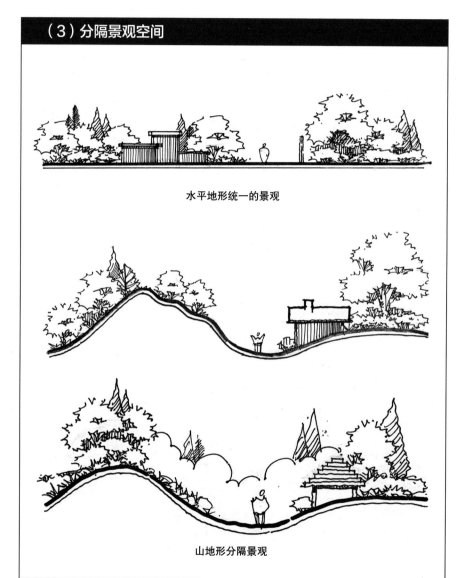

水平地形统一的景观

山地形分隔景观

（4）控制游人视线

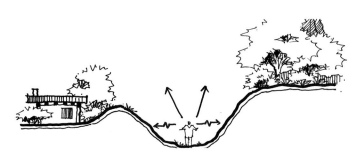

凹地形的边界封闭了视线，造成了孤立感和私密感

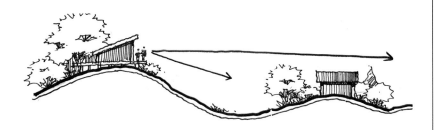

凸地形提供了视野的外向性

在地形设计时应综合考虑以下几点：

① 基地外部环境对地形的限制；

② 结合原有地形地貌的特点；

③ 考虑地形的工程稳定性；

④ 考虑使用功能的需求；

⑤ 视觉空间的划分与组织；

⑥ 经济技术的生态合理性。

（5）快题中的地形基本形态

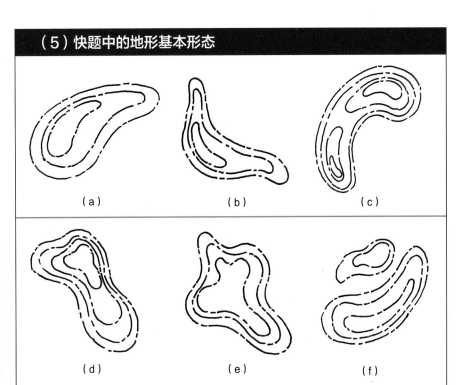

（a）　　　　　（b）　　　　　（c）

（d）　　　　　（e）　　　　　（f）

（6）地形营造方式

场地整体地形梳理：

① 串联场地高程点，对场地内各高程点进行串联设计，梳理场地原有等高线。

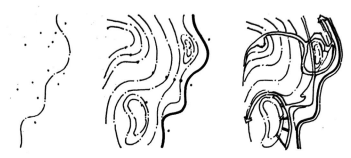

② 改造原有等高线，对场地原有等高线进行改造，以满足平面方案的功能分区与形式要求。

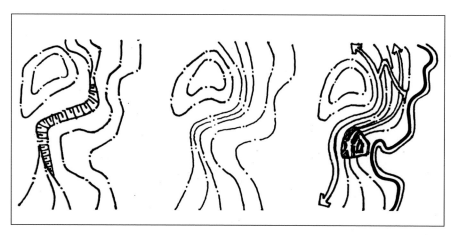

③ 形式参考：顺应原有地形，模拟自然山体和水体的曲折起伏的变化。

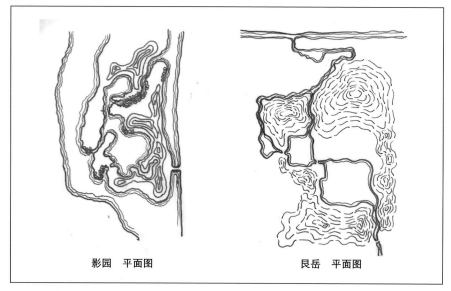

影园 平面图　　　　　　艮岳 平面图

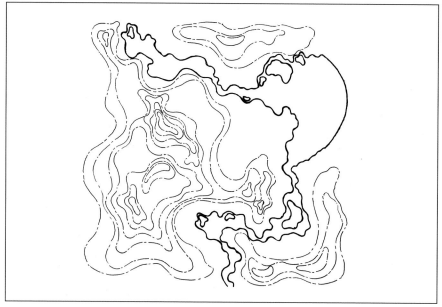

（7）场地局部地形设计：

① 简单几何图形式设计

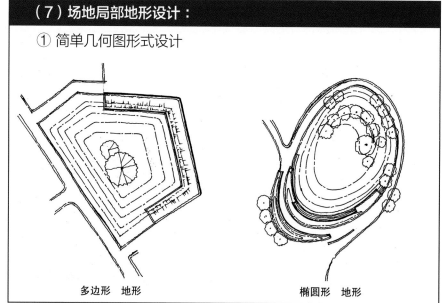

多边形 地形　　　　　　椭圆形 地形

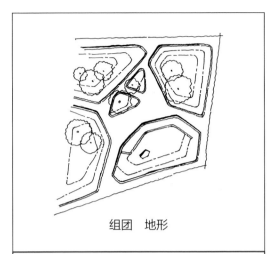

组团　地形

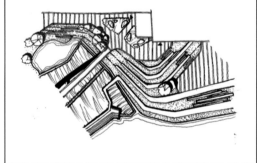

② 线性协同设计

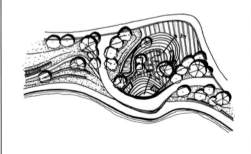

③ 与景观构筑物/建筑物协调

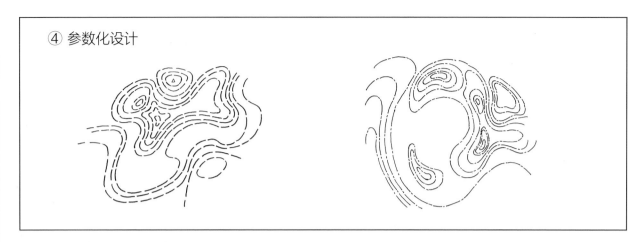

④ 参数化设计

2. 水体

水体设计是指为满足游人观光、游憩、娱乐、休闲等需求，对场地内水体进行以陆地为边界的水域形态调整的人工活动。水体形态依快题设计角度分类主要包括：规则式水体与自然式水体。

（1）规则式水体设计

· 由场地中面积较小的水塘/鱼塘等水域改造而来，或在场地中直接挖池进行改造。

· 水域边缘常配置修饰性或功能性园林小品，比如喷泉、涌泉、景架、景柱、汀步、遮阴构筑等。

· 常运用在现代园林中，如建筑前广场、公园入口处、商业绿地等。

水体形态与水特性有关：

① 水的可塑性——打造平面形式上的曲折韵律；

② 水的流动性——注意水流方向上的动态变化，充分考虑水流的冲刷、侵蚀以及泥沙堆积所带来的景观变化；

③ 水的变化性——解决水位变化带来的安全隐患。

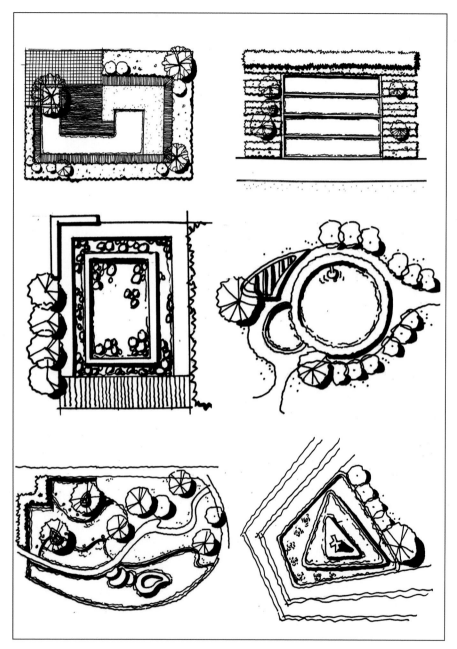

（2）自然式水体设计

· 一般用于大、中尺度绿地的景观中心，结合地形统一设计。通过对场地中水塘/鱼塘和湖泊等水位变化小而面积较大的水体改造而来。

· 通过水面大小的对比，营造不同视觉感受的水面景观空间，比如大水面给人以开阔感，小水面给人以静谧感，而狭长水面给人以延伸无尽之感。

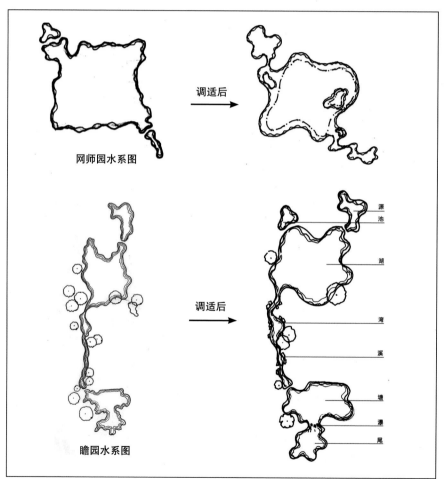

网师园水系图　调适后

瞻园水系图　调适后

源池
湖
湾
溪
塘
瀑
尾

（3）自然式水体在现代公园中的应用

中国古典园林理水注重再现诗意中的自然水景，水面开合变化，形成不同水体形态的对比与交融，将其水系形态摘取并调整使其适应现代公园。

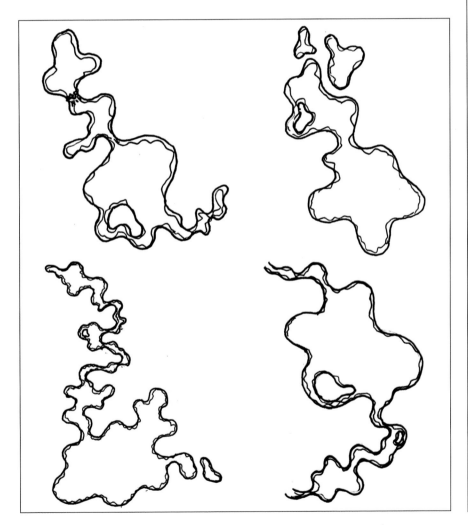

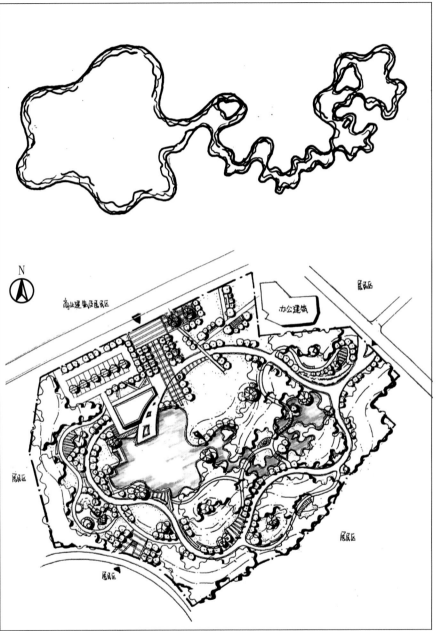

3. 植物

种植设计是指以植物为介质进行空间设计。种植设计需要考虑两个方面问题：一方面是各种植物之间的搭配，考虑植物种类的选择与组合，包括林缘线、林冠线、色彩搭配、季相变化及空间意境；另一方面是植物与地形、水体、山石、建筑、园路等其他景观要素之间的搭配。

中国不同地区园林植物常见配置

·西北地区

行道树：悬铃木、银杏、合欢、构树、青海云杉、圆柏、鹅掌楸等。

其他常用乔木：油松、樟子松、白皮松、华山松、侧柏、毛白杨、刺槐、香花槐、苦楝、白榆、楸树（梓树）、馒头柳、千头椿、皂荚、三角枫、朴树、榉树、青桐、君迁子、玉兰、香椿、流苏、鸡爪槭、巨紫荆、木瓜、龙爪槐、金枝槐、杜仲、杜梨、山楂、石榴等。

小乔木及灌木：海棠、碧桃、紫薇、木槿、榆叶梅、红叶李、紫荆、丁香、大叶女贞、黄杨、大叶黄杨、月季等。

·江南地区

行道树：香樟、悬铃木、银杏、合欢、枫杨、垂柳、五角枫、三角枫、香樟、苦楝、广玉兰、鹅掌楸、国槐等。

其他常用乔木：雪松、黑松、圆柏、刺柏、水杉、落羽杉，白玉兰、二乔玉兰、樱花、栾树、鹅掌楸、枫树、榉树、朴树、青檀、垂柳、罗木石楠、重阳木、乌桕、黄连木。

小乔木及灌木：夹竹桃、红叶石楠、金森女贞、贴梗海棠、木瓜海棠、垂丝海棠、琼花、南天竹，火棘、金边黄杨、大叶黄杨。瓜子黄杨、山茶、月季、桂花（木犀）、红花檵木、紫叶小檗、绣线菊、木槿、丁香、紫薇、杜鹃、山茶、山楂、枇杷等。

·海南地区

行道树：小叶榄仁、凤凰木、木棉、合欢、樟树、蒲葵、龙眼树、大王椰子、长叶刺葵（加那利海枣）、南洋杉、台湾相思等。

其他常用乔木：蒲葵、狐尾椰子、鱼尾葵、非洲楝、大叶紫薇、垂叶榕、火焰木、芒果、秋枫、雨树、海南红豆等。

小乔木及灌木：红刺露兜、草海桐、散尾葵、朱槿、红背桂、青皮竹、美洲合欢、三角梅、红车木、非洲茉莉、黄馨梅、酒瓶椰子等。

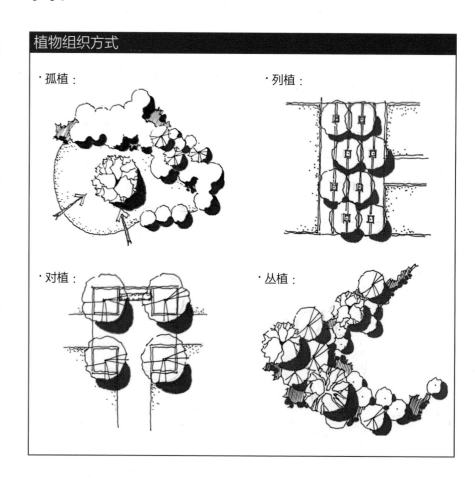

植物组织方式

·孤植：

·列植：

·对植：

·丛植：

·群植：

·疏林草地：

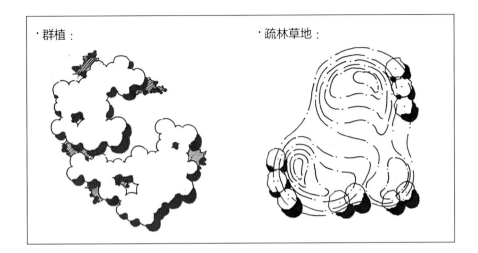

4.建构筑物

　　建构筑物是景观中不可缺少的组成部分，常见的形式有亭、榭、廊、阁、轩、楼、台、舫、厅堂等，可以作为园林里造景和为游览者提供观景的视点和场所，还有提供休憩及活动的空间等作用。

拙政园中的见山楼

·快题中常见的表现方式：

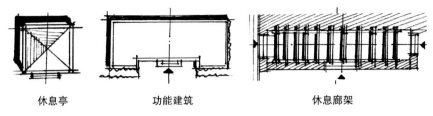

休息亭　　　　功能建筑　　　　休息廊架

·建构筑物在快题中的主要作用：

1）可起到点景作用，同时形成休憩停留空间，如图3.1所示。

2）对于围合空间起到一定的作用，如图3.2所示。

3）丰富快题总平面，如图3.3所示郑州星光广场中构筑物。

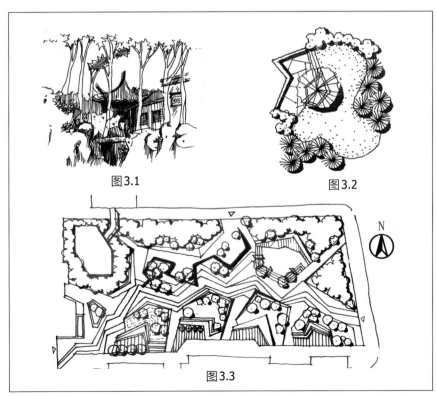

图3.1　　　　　　　　　　　图3.2

图3.3

5. 铺装

园林铺装是指在园林绿地中采用天然或人工的材料，如砂石、混凝土、沥青、木材、瓦片、青砖等，按一定的形式或规律铺设于地面形成的地表形式，又称铺地。应用于路面、广场、庭院、停车场等场地中。

（1）铺装的功能

① 实用功能

提高场地寿命、引导作用、暗示游览速度和节奏、提供休息场地、表示场地用途等。

② 构图功能

a. 影响空间比例

一般来说，大块铺装使场地内的植物、小品等显小。反之，小块铺装使场地内的植物、小品等显大。

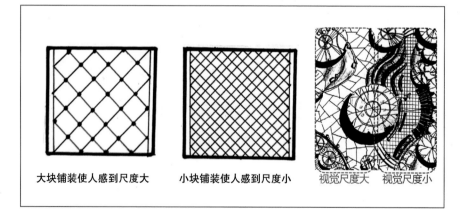

大块铺装使人感到尺度大　　小块铺装使人感到尺度小　　视觉尺度大　视觉尺度小

b. 统一作用

（a）利用铺装线与建筑、小品等其他要素的对位关系（对齐、平行、垂直等），相互之间联系成整体。

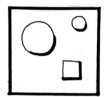 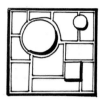

单独的元素缺少联系　　　　铺装线统一各因素

（b）铺装的形状与场地上的其他要素的平面形状保持一致性。

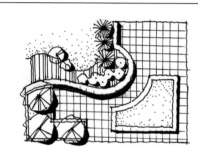

方块铺装与矩形构图元素搭配和谐

c. 背景作用

铺装可以为其他引人注目的景物作为中性背景。

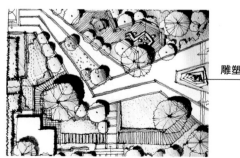

雕塑

· 以浅灰色铺装衬托雕塑，与主体的浅色铺装形成对比，突出雕塑。
· 雕塑边缘为折线，铺装线也采用折线与雕塑形成对位关系。

d. 构成空间特性

铺装的材料质地、形状、大小及铺砌图案都能对所处的空间产生重大影响。不同铺装材料和图案造型，都能形成和增强该空间的性质，如细腻感、粗犷感、宁静感和喧嚣感。

（2）不同尺度场地中铺装表现对比

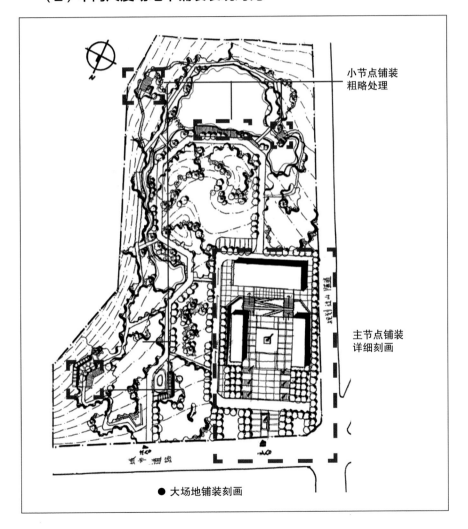

小节点铺装粗略处理

主节点铺装详细刻画

● 大场地铺装刻画

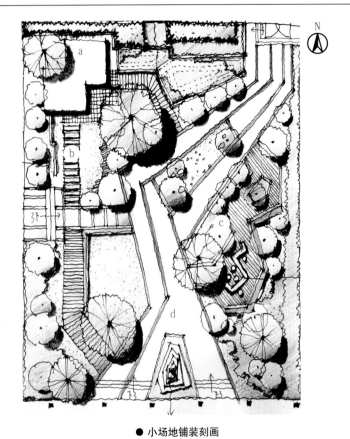

● 小场地铺装刻画

a. 双亭休息空间利用尺寸较小的铺装营造细腻的感觉，暗示人的停留。

b. 通往双亭休息空间的小路利用青石板组成步石，给人曲径通幽的感觉，古朴自然，给出前方是休息场地的暗示。

c. 读书空间利用木质铺装，暗示场地可以停留，给人舒适放松的感觉。

d. 主路用尺寸最大的铺装强调场地在空间之中占据的主体地位。

① 大尺度场地快题中的铺装较为粗略，不需要细致刻画，这样显得场地大。而小尺度场地中的铺装需要细致刻画，显得场地小。

② 主要空间刻画较为粗略，与次要空间刻画细致形成对比，突出空间主次。

③ 如果将小尺度场地的铺装刻画得很粗略，大尺度场地的铺装刻画得较为细致就会导致比例失调，使画面很不和谐。

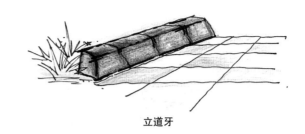

立道牙

（3）铺装常识

① 收边砖

两种不同的材料中间应以某种中性材料分隔，在铺装以及小品的交界处可以以某种中性材料收边。这种用来分隔和收边的材料就是收边砖。

② 路缘石

路缘石又叫路牙、侧石。路缘石分为立道牙、平道牙。在园林中，为了保护路面，保护绿地，防止水土流失，硬质地面与绿地之间一般要设路缘石。

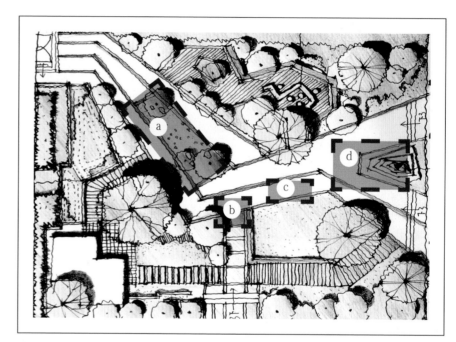

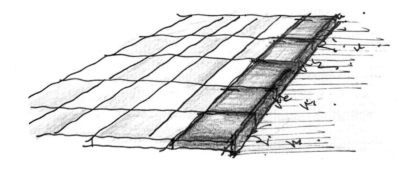

平道牙

a. 硬质地面与绿地之间设置路缘石，在快题中用双线表示。

b. 两种铺装材料之间应设置收边砖进行分隔。在快题中用双线表示。

c. 添加了路缘石、收边砖之后整张图就丰富了很多。

d. 在铺装与小品的交界处可以以某种中性材料收边，在快题中用双线表示。

（4）基本铺法

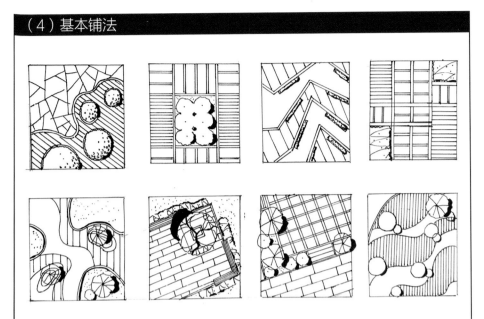

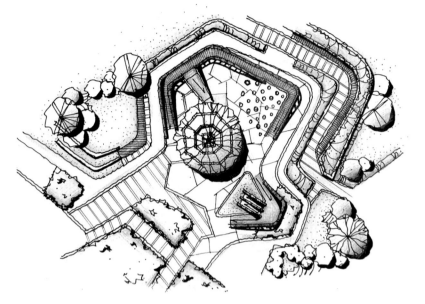

（5）实际运用

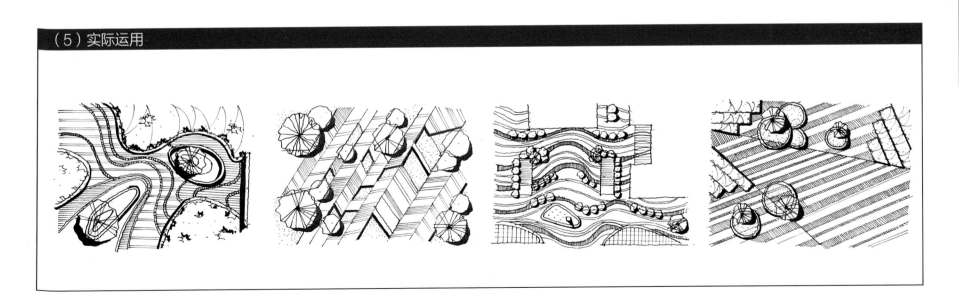

6. 园路

园路作为串联不同景点、设施的硬质地面，不仅满足高频度的人、车通行，也是组织景观序列、协调平面构图的主要元素。其主要功能是①组织空间，引导游览；②组织交通；③进行园务管理；④增加活动场地；⑤创造美的地面景观。

（1）园路分级

一级园路：建议4～5m，考虑车辆通行道路，线形需要平滑；沟通园内主要分区，方便游人快速通行；考虑消防车能够到园内绝大部分区域。

二级园路：建议2～3m，作为人行流线需要构成环状，避免游人走回头路；连接园内主要节点。

三级园路：建议1～2m，连接园内各小节点；主要为游人体验流线。

园路级别	公园总面积 A/hm²			
	A<2	2≤A<10	10≤A<50	A≥50
主路	2.0～4.0	2.5～4.5	4.0～5.0	4.0～7.0
次路	—	—	3.0～4.0	3.0～4.0
支路	1.2～2.0	2.0～2.5	2.0～3.0	2.0～3.0
小路	0.9～1.2	0.9～2.0	1.2～2.0	1.2～2.0

（2）园路交叉口处理

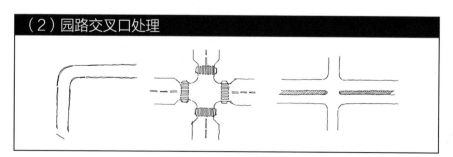

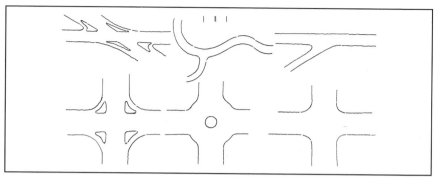

（3）园路与节点场地的关系

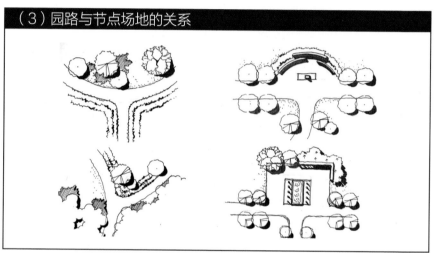

（4）园路与建筑的关系

园路通往大建筑时，为了避免路上游人干扰建筑内部活动，可在建筑前设置集散广场，使园路由广场过渡再和建筑连接。

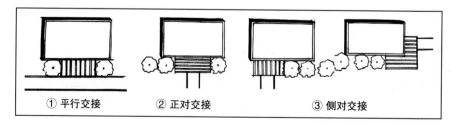

① 平行交接　　② 正对交接　　③ 侧对交接

（5）园路与水体的关系

① 当园路临水面延展布置时

尽量按近水、临水、亲水层次分层布置道路，通过距水距离的调节使人在水边得到不同的体验。

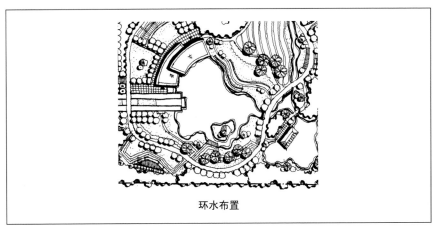

环水布置

临水布置

② 当园路环水面布置时

勿使园路始终与水面平行，应根据地形起伏、周围的自然景色和功能景色，使主路与水面产生若即若离、移步易景的效果。

（6）园路的布局要点

① 园路的回环性

大面积绿地中的主路多为环形路。

土路成环，连接了绝大多数的场地。再通过二级园路的辅助，游人从任何一点出发都能游遍全园。

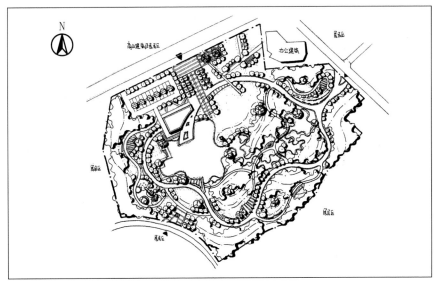

② 疏密适度

园路的疏密度与公园的规模、性质有关，在公园中道路约占总面积的10%～12%。一般面积越小，道路占比越大。

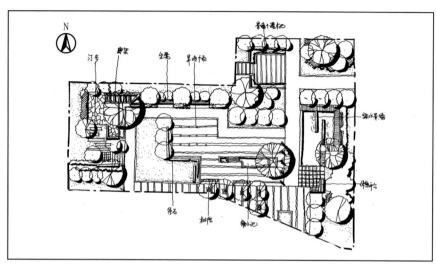

③ 曲折性

园路随地形和景物而曲折起伏，造成"山重水复疑无路，柳暗花明又一村"的情趣，活跃空间气氛。

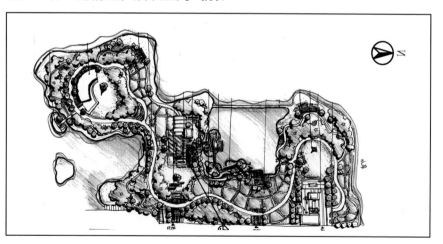

（7）园路的布局形式

① 轴线控制型

从主入口向前为主轴线，在主轴或主轴附近布置主节点，形成主要景观。场地过宽，主轴无法控制整体的话，也可以设置同向的次轴。辅以一至两条与主轴线垂直的园路形成路网。

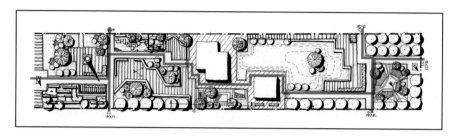

② 环形

a. 以单一环线连接整个场地，局部加入二级路丰富路网。多用于相对较小的地块。

b. 当场地过大时，单一环线无法连接整个场地。则用多个圆环状来划分场地，多形成"8"字形或若干个"8"字形。

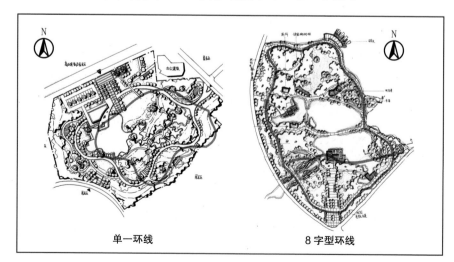

单一环线　　　　　8字型环线

③ 不成环形

受周边环境的影响，主园路成环困难时，因曲线园路的主要目标是划分场地空间，使游人能够到达场地中任一区域，所以只要园路能连接整个场地即可。

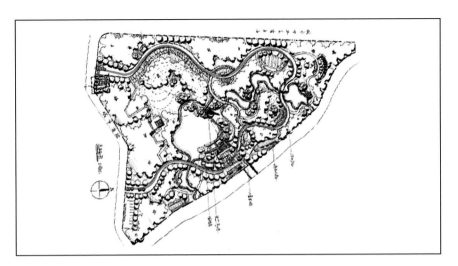

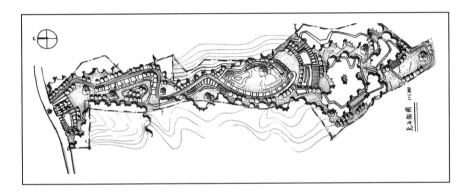

对于狭长带状场地，只需要一条主路。

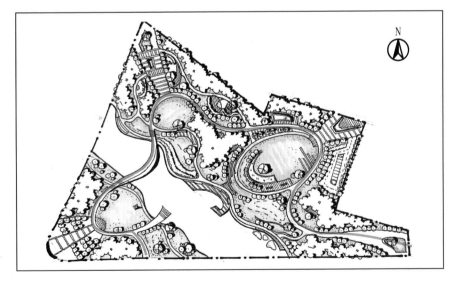

场地被河流分割成两块、无法成环时，只需一条主路贯穿场地，在河流处断开。

场地偏大，且园路始末点在同一条外部道路上，则没必要将其强行设置成环路，始末点都在外部道路上即可。

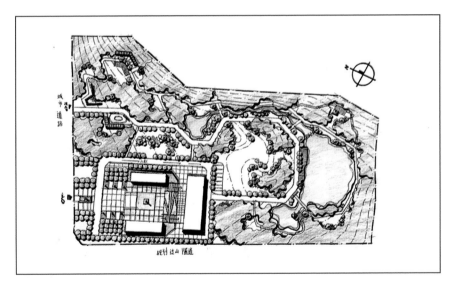

场地内地形变化过大，不宜设置环路，则主路设置在较平缓地段。

"我们可以说，景观设计师的终生目标和工作就是帮助人类，使人、建筑物、社区、城市以及他们的生活同地球和谐相关。"

——约翰·O·西蒙兹

第四章

9 种经典考题与真题示范

经典考题洞悉院校出题规律

第一节　校园绿地

2016年南京林业大学研究生初试试题

考试科目：风景园林设计　　满分：150分　　考试时间：3小时

试题题目：校园景观设计

一、概况

基地位于南京林业大学图书馆西侧，用地面积约4900m²，用地呈L形。绿地一侧为图书馆阅览室，应保证阅览室不受噪音干扰，北侧是校园集散广场，东侧为教学主楼。在整体设计风格上需反映在校大学生的青春活力；整体设计的绿地率大于等于45%，同时需要满足歌舞部、轮滑部、活动部等学生社团活动的需求。

二、设计要求

1. 设计需考虑用地周围环境条件，合理安排功能，尺度适宜，满足学生休闲活动的需求，并巧妙解决好交通功能与整体布局问题，南北道路必须相通。

2. 要求主题突出，风格明显，体现时代气息与校园文化特色，形成一个开放性公共空间。

3. 植物配置应结合南京自然条件选择树种，营造植物景观。

三、内容要求

1. 总平面图1：250，标注主要景点、景观设施及场地相对标高。（50分）

2. 总体鸟瞰效果图，要求不小于A4图幅。（40分）

3. 设计说明（150～200字）和相应的技术经济指标。（10分）

4. 局部详细设计要求。

5. 自选不小于100m²的局部地段，完成硬质景观与植物配置详细设计，地段内至少应包含一个园林小品建筑或构筑（如亭、景墙、构筑物等）。平面图，1：100，并标注主要铺装面材材质、植物名称。（30分）

6. 剖面图，1：100或1：50，并标注标高。（20分）

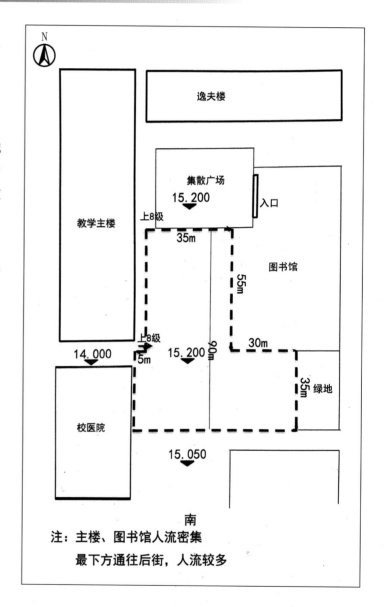

注：主楼、图书馆人流密集

　　最下方通往后街，人流较多

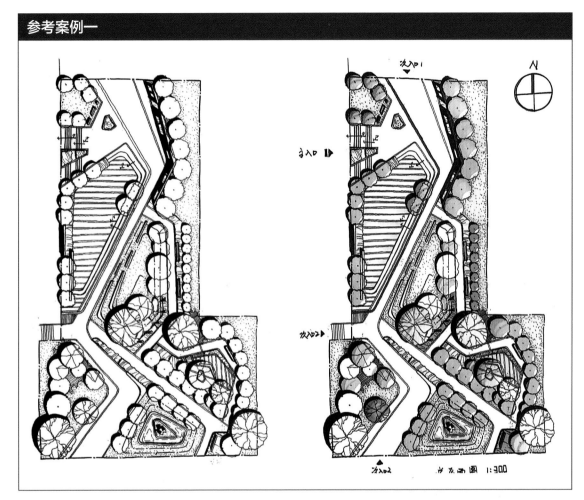

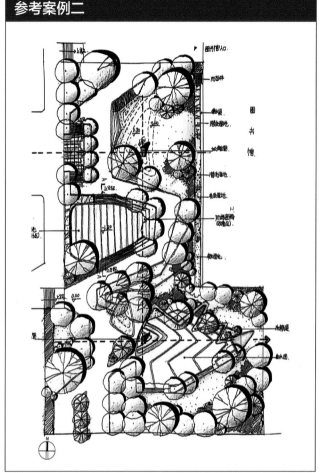

小贴士

（1）校园景观设计首先应明确其设计需展示校园形象和彰显校园文化两方面的特征。

（2）由场地周边建筑和道路的性质可得出周边人流量巨大，故应设置一定面积的硬质场地满足人流的疏导和集散。由于题目中给出绿地率≥45%的要求，故该场地对硬质率有很大的包容性且需考虑一定的休闲停留空间。

（3）场地西侧与外部道路存在高差，应采取设置台阶、挡墙等措施处理高差，沟通场地内外。

2005年北京林业大学研究生初试试题

考试科目：风景园林设计　　满分：150分　　考试时间：3小时

试题题目：校园景观设计

一、场地概况

中国华北地区电影艺术高校校园需要根据学校的发展进行改造。校园北临事业单位，南接教师居住小区，东、西两侧为城市道路。校园内部分区明确，南部为生活区，北部为教学区，主楼位于校园中部，其西侧为主出入口（详见总平面图），校园建筑均为现代风格，随着学校的发展，人口激增，新建筑不断增加，用地日趋紧张，户外环境的改造和重建已成为校园建设的重要问题。当前，校园户外环境建设急需解决两方面问题。

1. 校园景观环境无特色。既没有体现出高校所应具有的文化气氛，更无艺术高校的气质。

2. 未能提供良好的户外休闲活动和学习交流空间。该校校园绿地集中布置于主楼南北侧，是其外部空间的主要特征。由于没有停留场地，师生对绿地的体会基本上是"围观"或"践踏"两种方式，因此需要对校园内的外部空间重新进行功能整合和界定，以满足使用要求并形成宜人的外部空间体系。

二、规划设计要求

1. 户外空间概念性规划图：根据你的设想，以分析图的方式，完成校园户外空间的概念性规划，并结合文字，概述不同空间的功能及所应具有的空间特色和氛围，以文字叙述的方式展示你在规划中对树种选择的设想。图纸比例1∶1500。

2. 中心区设计图：在户外空间概念性规划的基础上，完成校园中心区设计。校园中心区是指以西出入口内广场、行政楼中庭和主楼南部绿地为核心的区域，设计中应充分体现其校园文化特征，并满足多功能使用要求。图纸比例1∶600。

3. 中心区效果图：请在一张图幅为A3的图纸上完成效果图2张，鸟瞰图或局部透视图均可。

4. 典型剖面图与立面图各一幅。

5. 200字左右设计说明。

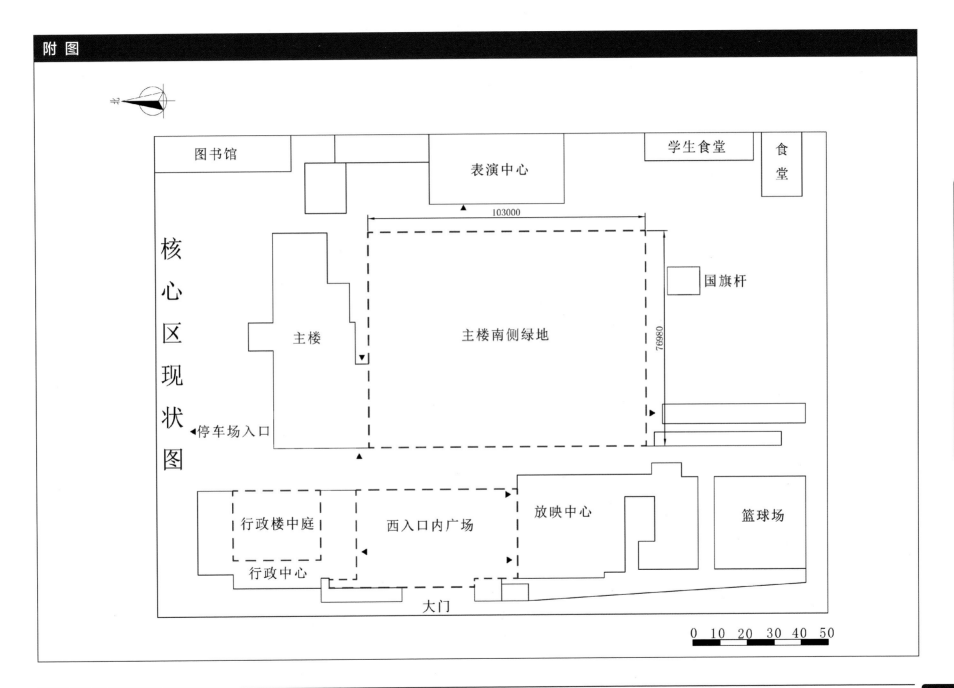

参考案例一

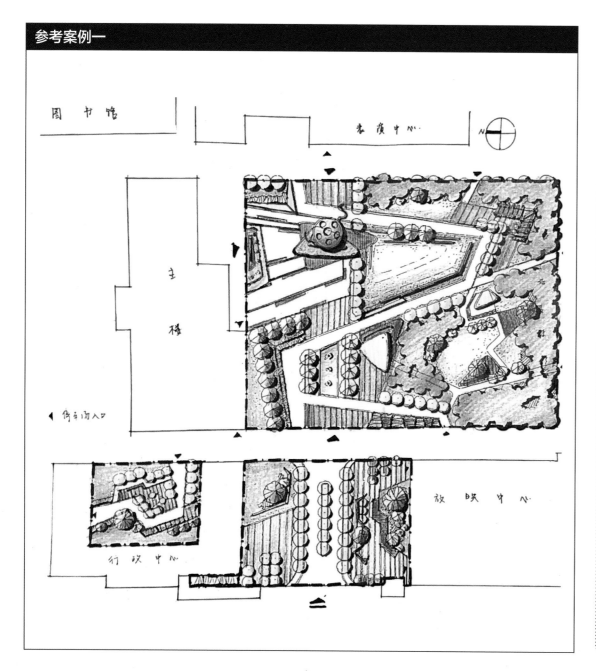

图书馆

表演中心

N

主楼

停车场入口

放映中心

行政中心

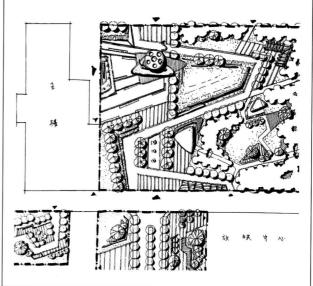

主楼

放映中心

小贴士

（1）本题中，结合题目要求体现艺术院校的文化特征，需要对校园建筑的空间布局及景观与建筑的关系做全面的分析，还需考虑人行流线与机动车流线之间如何减少干扰。

（2）主楼南侧的绿地为本题中最主要的设计内容，需综合考虑校园道路的通达性；功能分区与外部道路、建筑物、构筑物等设施之间的功能渗透和互补；行政楼围合的庭园景观，功能较单纯，体现空间安静、休息的特征。

（3）主入口广场要处理好景观元素与道路、建筑的关系，考虑人行流线与车行流线的合理安排。

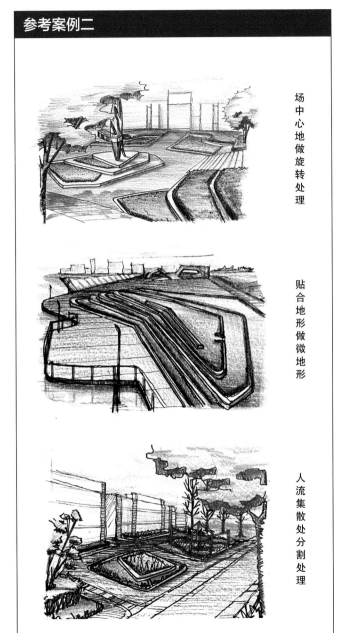

场中心地做旋转处理

贴合地形做微地形

人流集散处分割处理

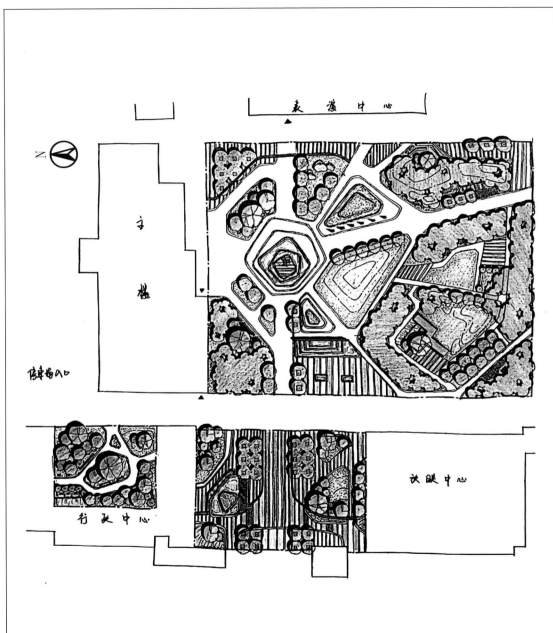

第二节　广场绿地

2009年同济大学保研考试试题

考试科目：风景园林设计　　满分：150分　　考试时间：3小时

试题题目：文化休闲广场设计

一、场地概况

某小城市集中建设文化局、体育局、教育局、广电局、老干部局等办公建筑。在建筑群东侧设置文化休闲场所，安排市民活动的场地、绿地和设施。广场内建设有图书馆和影视厅。

二、设计要求

1. 建筑群中部有玻璃覆盖公共通廊，是建筑群两侧公共空间的步行主要通道。

2. 建筑东侧的入口均为步行辅助入口，应和广场交通系统有机衔接。

3. 应有相对集中的广场，便于市民聚会锻炼以及开展节庆活动等。

4. 场地和绿地结合，绿地面积（含水体面积）不小于广场总面积的1/3。

5. 现状场地基本为平地，可考虑地形竖向上的适度变化。

6. 需布置面积约50m²的舞台一处，并有观演空间（观演空间固定或临时均可，观演空间和集中广场结合也可以）。

7. 在丰收路和跃进路上可设置机动车出入口，幸福路上不得设置。

8. 需布置地面机动车停车位8个，自行车停车位100个。

9. 需布置9m²的服务亭两个。

10. 可以自行设定城市所在地区和文化特色，在设计中体现文化内涵，并通过图示和说明加以表达（比如某同学选择宁波余姚市，则可表现河姆渡文化、杨梅文化、市树市花内涵等）。

三、内容要求

1. 总平面图1：500。

2. 局部剖面图1：200。

3. 鸟瞰图。

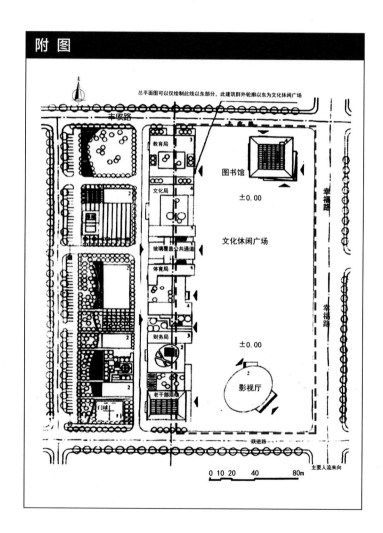

附 图

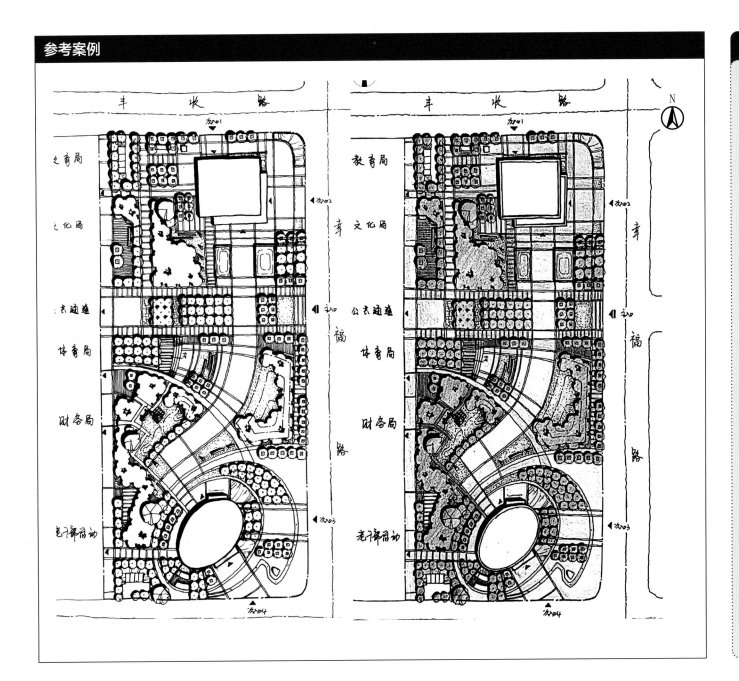

（1）广场设计应先明确其硬质率约在40%，满足集散和休闲的需求。

（2）基地位于一条主路与两条支路之间，故会从外环境引来大量人流，设计上应考虑一定的硬质面积以承接。

（3）在场地东侧设置主入口广场，车行入口在南北道路开设即可。

（4）广场与基地西侧建筑群之间应保持一条通道，不仅作为平时进入各建筑的通道，而且可作为紧急时的消防车道，可结合休闲空间来做。

（5）影视厅、图书馆考虑独立设置人行入口，并应预留消防车道、扑救场地，同时还需种植绿化，避免道路噪声对现状道路的干扰。

（6）由于基地内地势平坦，设计中可采用局部空间下沉/局部空间上升的方法营造立体多样的景观效果。

第二节　广场绿地

考点拓展：建筑外环境设计

　　建筑作为园林景观的重要组成部分，建筑的布局方式、与周边景观的协调以及如何实现它与园林景观相融合，是我们进行园林景观规划设计时所要着重思索的。

　　建筑的出现往往伴随着一定程度上的硬质空间的出现，所以建筑常在园林景观规划中充当人流集散空间，从而为游线布局与景观变化提供转折点。

　　建筑的景观作用常常体现在两个方面：一是作为局部或整个场地的景观构造中心（着重体现在纪念性场地与保留建筑设计）；

　　二是在局部布置或点缀一些景观建筑以凸显场地景观氛围，丰富景观内容，起到画龙点睛的作用。

建筑外环境设计要点

1.满足人流集散

　　采用大面积铺装以满足人流集散的需求，并且通过丰富和改变铺装样式来避免出现平面设计上的单调与空洞。

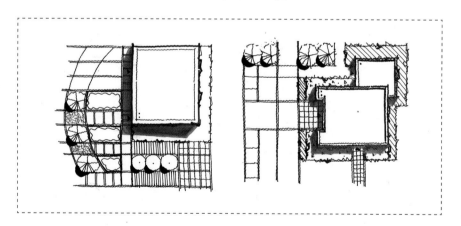

2.与建筑形体相协调

　　建筑外环境的设计不能与总体的景观设计方案相脱节，在处理建筑外环境时应以整体设计为基础，使其与方案相融合，避免造成整体设计语言上的过度冲突。

（1）大型建筑外环境

　　大型建筑外场地设计多以建筑平立面形态为基地，景观布局从平面形式到竖向处理均与建筑体块相结合。快题中常出现图书馆、歌剧院、博物馆等大型现有或拟规划建筑。

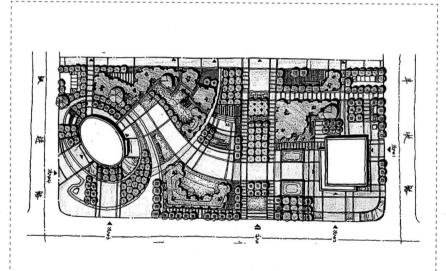

● 左半边采用曲线构图呼应左侧椭圆形建筑，右侧构图则趋于规整以呼应矩形建筑的形式，二者通过一些形式联系起来，形成统一和谐的整体。

（2）小型园林建筑外环境

多依托周边环境并结合建筑性质进行外部环境设计，或安静、或动态，使其既满足相关的服务需求，又与总体规划相协调。快题中常适用于茶室、小型会所等小型园林建筑。

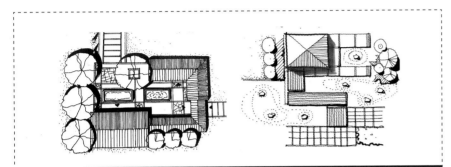

● 场地内建筑都是小型方正的园林建筑，所以外环境也采用规整式布局，又在规整的同时寻求了一些变化。

3. 作为区域景观中心

建筑所具有的强烈的形体感往往在景观方案设计中充当场地景观中心，对于方案的平面线形、空间布局等设计常起到引导作用。

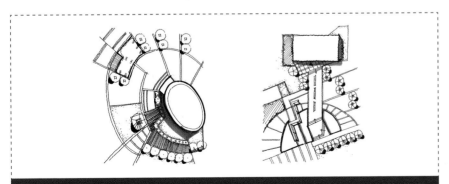

● 对于同一建筑，左图采用了弧线构图，右图则采用了直线与弧线斜交的构图。总体来说二者都是将人行流线和景观视线向中心建筑引导。

4. 与水景相结合

水景可以作为轴线的一部分与建筑结合，起到引导的作用，也可以单独在建筑前成景作为缓冲和过渡。常见的水景形式有各类水池、旱喷等。

（1）保留建筑注意事项

因为在快题考试中缺少对原有建筑的承载能力、地基强度等相关数据的掌握，所以保留建筑一般不与水直接接触，以避免不必要的安全隐患。

（2）拟建建筑注意事项

拟建建筑可与水体直接接触，但必须注意避免因接触面过多而造成交通组织不和谐、游人安全等问题。

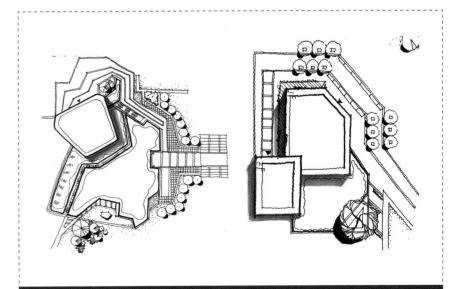

● 水景结合构图可以形成灵活多变的形式，此外水景也能起到调节小气候、吸引人流等功能。

5.与植物结合

　　植物景观可以作为轴线的一部分或单独成景，也可以充当背景林，烘托建筑的主体地位。常见植物景观的形式有列植树、密植树林、树阵广场、阳光草坪、花带等。

　　在植物与建筑位置关系的设计上应遵循以下原则：

　　① 现状乔木树干基部外缘与建筑间净距离不得小于5m；

　　② 新植乔木树干基部外缘与楼房间净距离不得小于5m，与平房间净距离不得小于2m；

　　③ 灌木或绿篱外缘与楼房间净距离不得小于1.5m。

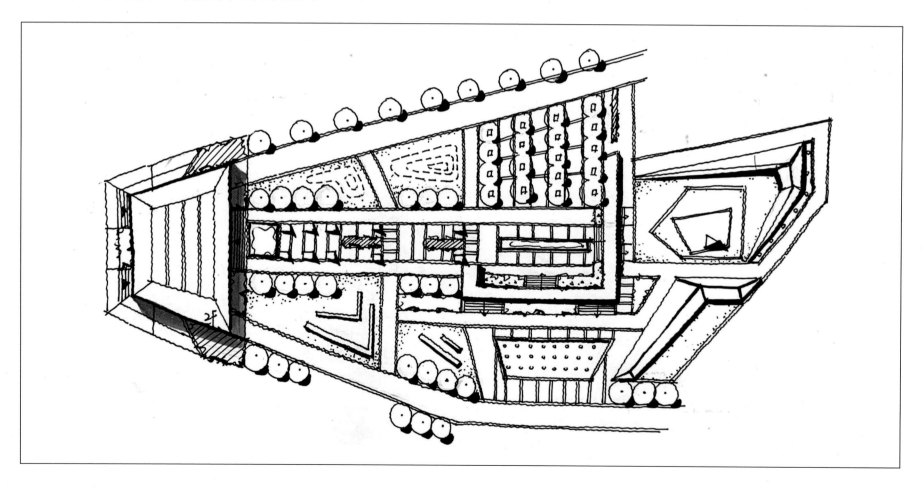

2017年苏州大学研究生初试试题

考试科目:风景园林设计 满分:150分 考试时间:6小时

试题题目:城市雕塑公园设计

一、概况

现基地为一城市中心废弃用地,场地内地势平坦,形状为正方形,被十字交叉路口分为4部分,四周被城市道路包围,北侧面临一古建筑群,规划红线内总面积约为1.5hm²。

二、设计要求

设计主题为具有现代感雕塑公园,要求在场地中作出如下布置。

(1)一座建筑总面积为5000m²的室内雕塑展示馆。

(2)一间180m²的茶室。

(3)一个可以容纳10人的看台和小型舞台(小剧场)。

(4)10个自行车停车场。

(5)要求通过对景观和建筑的规划设计,使四块用地成为一个有机联系的整体。

三、设计成果

设计成果要在两张A1图纸上表现,要求绘制如下内容。

(1)平面图1:300(给出植物乔木、灌木、草坪配置,设计说明不少于500字,建筑画出平面图)。

(2)分析图(形式不限)。

(3)剖面图2个。

(4)总体鸟瞰图。

(5)植物配置表。

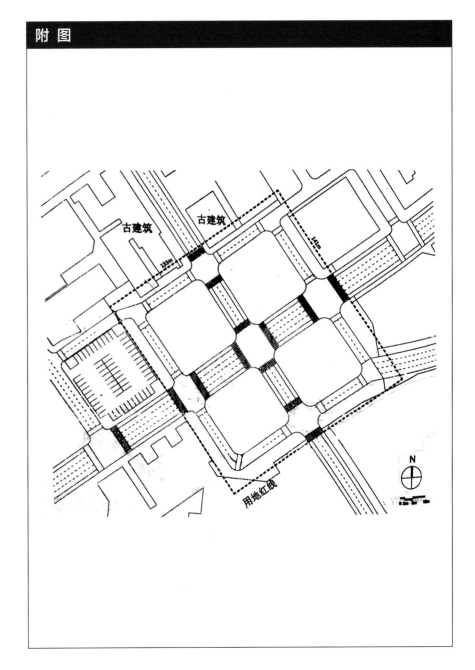

附 图

·如何将四块场地有机联系起来是本题的关键，但要形式结合功能。

·定位同样是关键，场地为雕塑公园，考虑如何在满足绿地率的基础上，实现不同高度场地的功能，为不同高度场地的活动创造更多可能。

·从功能上：高架满足通行，地面满足展览、休闲、娱乐，实现交通立体化、景观层叠化。

·既然是高架，必然需要处理的是两个层次的功能，如何满足交通是重点要考虑的，同时必须要考虑无障碍通行。

[高架交通与景观结合意向]

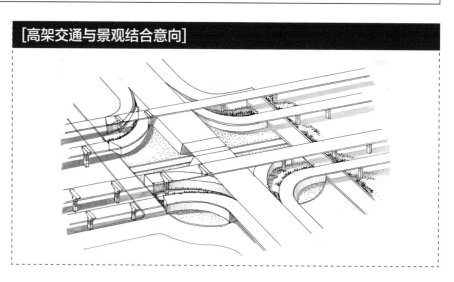

2018年苏州大学初试试题

考试科目：风景园林设计　满分：150分　考试时间：180分钟

试题题目：广场景观设计

一、场地概况

场地位于南方某省，是当地重要的文化广场。尺寸如右所示，是一个近似直角的三角形，在场地东北角有一个地铁出入口，在地下五米处，此外，场地中还有一处大型雕塑，建议保留。场地周边用地主要是商业区与住宅区，西南侧为城市干道，北侧、东侧为次干道，地铁站附近人流量巨大，共享单车停放无序。

二、设计要求

1. 在场地中规划一处1000m²以上的展览馆，建议做地下建筑，建筑平面图、立面图、剖面图不做要求，只用画出建筑外轮廓（地下部分虚线表示），标注出入口。

2. 规划一处咖啡馆，面积为200～300m²，要求配置足够的户外休息空间。平面图、立面图、剖面图不做要求。

3. 规划至少一处共享单车停车场，停放数量位置自定。

4. 要求一处可容纳至少100人的户外剧场，要求配备阶梯形看台。

5. 规划设计后，广场、建筑、地铁站出入口、看台等需要成一个整体。

三、图纸要求

1. 平面图：比例自定。

2. 鸟瞰图：需表达清楚场地竖向关系。

3. 剖面图：表达清晰竖向设计。

4. 分析图若干与设计说明。

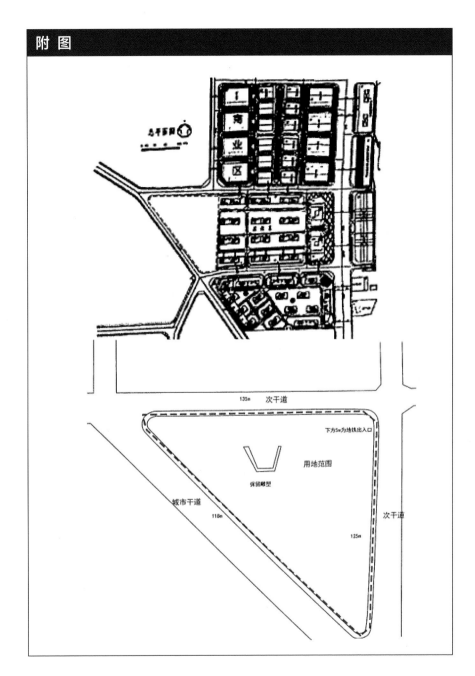

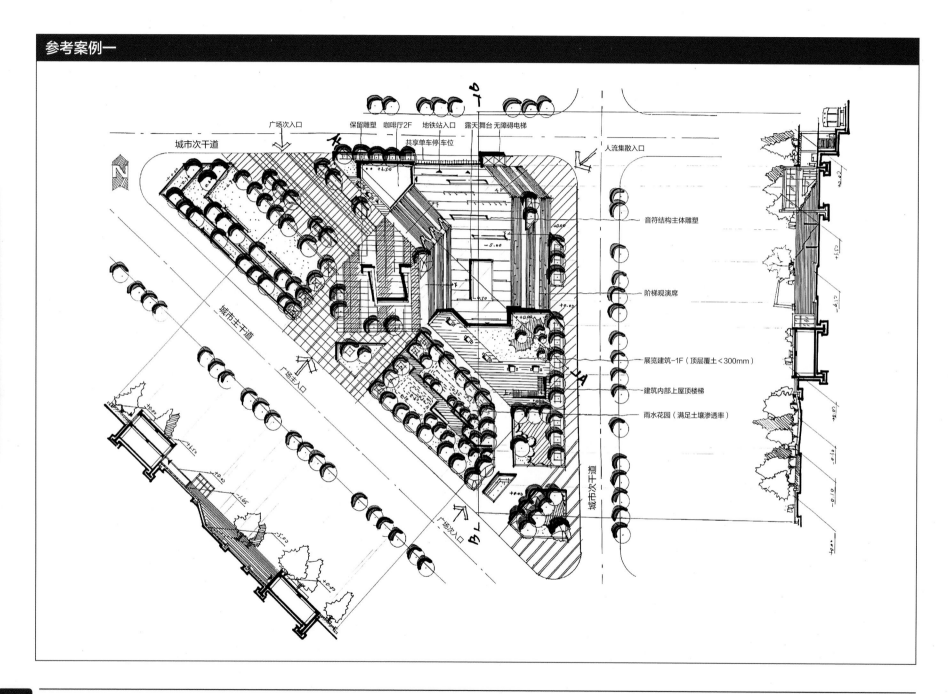

广场次入口　保留雕塑　咖啡厅2F　地铁站入口　露天舞台　无障碍电梯

城市次干道

共享单车停车位

人流集散入口

城市主干道

广场主入口

广场次入口

音符结构主体雕塑

阶梯观演席

展览建筑-1F（顶层覆土＜300mm）

建筑内部上屋顶楼梯

雨水花园（满足土壤渗透率）

城市次干道

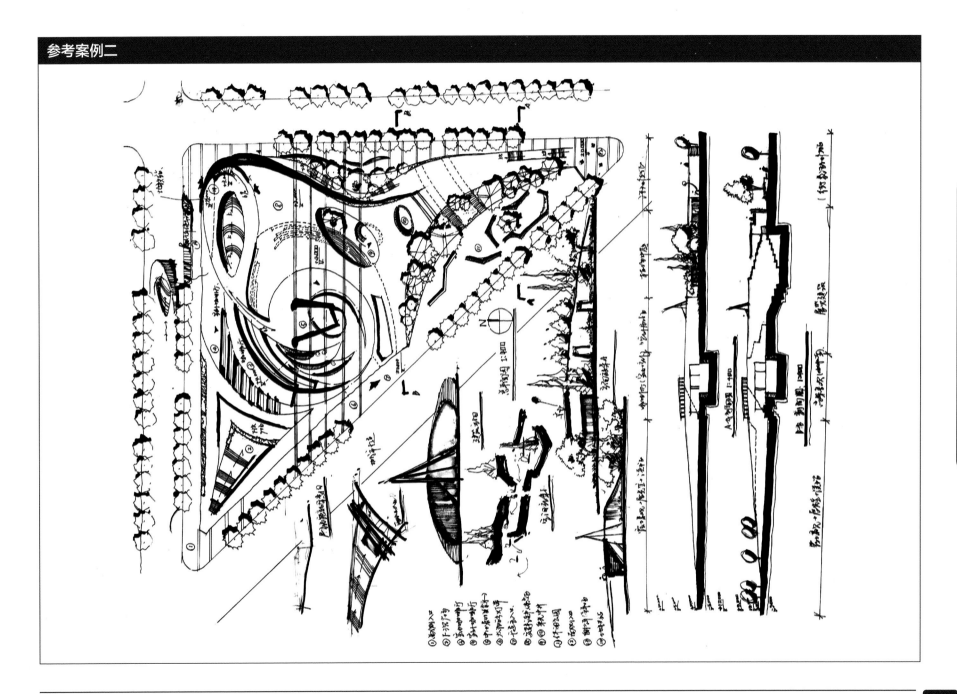

2019年苏州大学初试试题

考试科目：风景园林设计　满分：150分　考试时间：3小时

试题题目：江南某城市中心绿地设计

一、概况

江南某城市中心绿地，基地地下为5m的地下车库，场地内有一处历史保留建筑，场地南侧为二处地下停车场入口，尺寸为7m×21m。场地四周均为商业用地，其中北面为商业核心区，且包括一条快速商业步行道。设计要求满足场地的开放性、参与性，周围居民可以便捷进入场地内，设计要求满足地下车库通风及采光。

二、设计要求

1. 设置1000m²的市民文化展厅，100m²的咖啡厅茶室，并且设置户外座椅。

2. 设置一处可以容纳100人的阶梯看台和小型舞台。

三、图纸要求

1. 平面图：比例自定。
2. 鸟瞰图：需表达清楚场地竖向关系。
3. 剖面图：表达清晰竖向设计。
4. 分析图若干与设计说明。

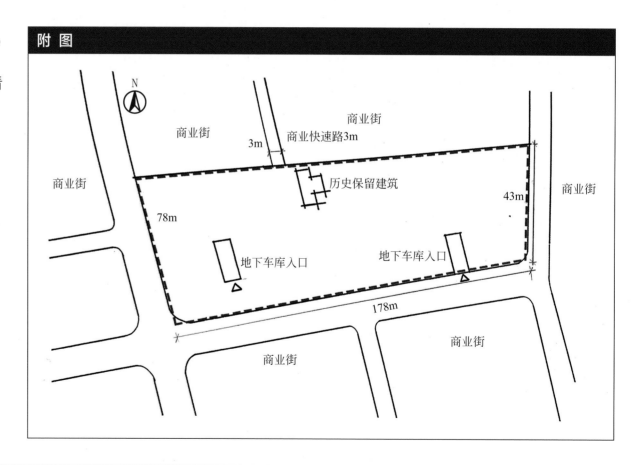

附　图

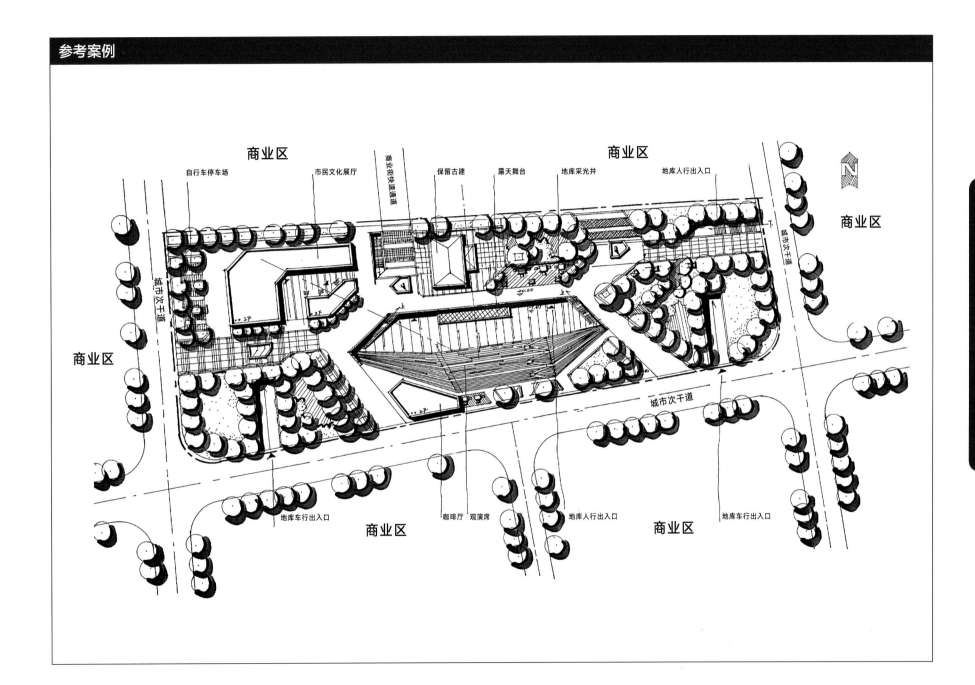

商业区

自行车停车场　市民文化展厅　商业街快速通道　保留古建　露天舞台　地库采光井　地库人行出入口

商业区

N

商业区

第二节　广场绿地

商业区

城市次干道

城市次干道

地库车行出入口　　咖啡厅　观演席　　地库人行出入口　　地库车行出入口

商业区

商业区

东南大学2016年初试试题

考试科目：风景园林设计　满分：150分　考试时间：6小时

试题题目：广场和绿地组合景观方案设计

一、概况

结合城市湖滨地段民国历史街区的更新，现需要就文化广场及相邻湖滨绿地改造设计，其中滨水地段有一个自来水厂，地块西侧为湖面，地块南北侧为现有城市公园。东侧隔城市道路与文化广场相邻。根据城市规划的要求，将拆迁改造自来水厂，纳入滨水公园。

二、内容要求

西侧地块：

原为自来水厂，占地 1.8hm^2。现将拆迁改造自来水厂，纳入滨湖公园。自来水厂建筑质量较差，均可拆除。其中有一水塔，建议保留。水塔地面直径 8m，高约 18m。东侧为 12m 宽城市道路，西侧为 6000 亩湖面，日常水位 28 米。充分利用水塔，合理组织交通，与南北侧的公园衔接，形成滨水绿带的重要节点。地块考虑生态停车场，可容纳 50 个小车。同时地段内应设置亭廊建筑，规模自拟。

东侧地块：

面积约 1.3hm^2。拟建城市文化广场，考虑与公园的衔接。广场中有一文化中心建筑，南侧与东侧为其入口，可考虑在建筑西侧、北侧开设新的入口。

三、图纸内容

（1）一张A1图纸。

（2）总平面图（比例自定），（要反映竖向、屋顶平面，植物配置表明主要树种），表现形式不限。

（3）典型剖面1个1：500。

（4）亭子平立剖面图各一个，具体比例根据排版自设（1：100）。

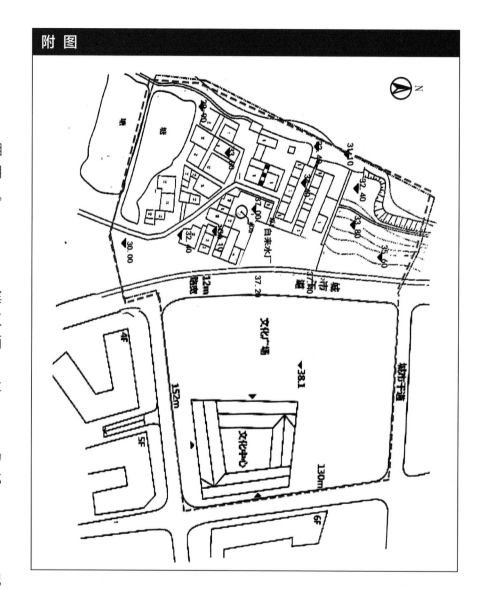

附 图

（5）整体鸟瞰图或轴测图一个。

（6）分析图若干。

（7）设计说明。

第四章　9种经典考题与真题示范

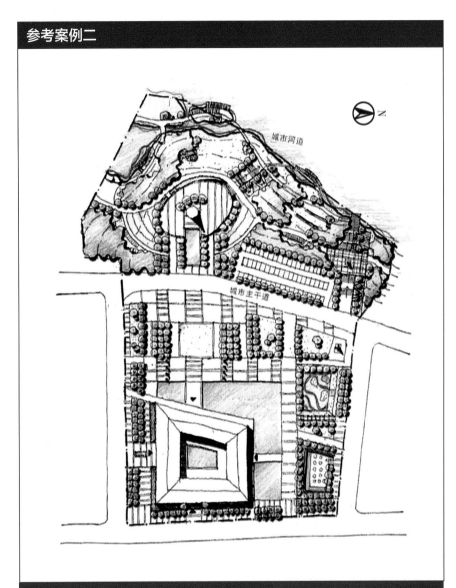

总平面图 1:800

· 注意广场与绿地在绿地率、使用功能方面的区别。

· 绿地西侧为湖面，要充分利用水景，设置合适的观景以及亲水设施。

· 考虑广场与绿地两个地块通过道路联系交通，通过一定构图衔接形式，形成和谐整体。

· 水塔高度 18m，选择合适的观赏距离。

第二节　广场绿地

第三节　公园绿地

2011年浙江农林大学初试试题

考试科目：风景园林设计　满分：150分　考试时间：6小时

试题题目：体育休闲公园设计

一、概况

江南某著名城市努力打造"休闲之都、生活品质、文化之城"，在城市各区兴建各类型城市公园，提升城市景观形象，提高城市居民的社会福利水平。在该城市的西侧，根据城市总体规划拟建城市健身休闲公园，面积约为1.2hm²。场地东、西两侧为红线宽度20～30m的城市干道，北侧为红线宽度40m的城市主干道，南侧为宽30～40m城市河道，沿河绿地景色佳。场地四周以商业、居住用地分布为主。要求在规定的区域内，设计一个以周边居民为主要服务对象，配设相关游憩、健身设施，并有一定特色，能反映地方文化内涵的城市公园。

二、内容要求

（1）平面图1张[比例(1：300)～(1：500)]。

（2）鸟瞰图1张或效果图2张。

（3）不少于150字的设计说明。

三、考试要求

（1）绘图规范、工整、美观，符合园林绘图的一般要求。

（2）能分析场地，并根据场地条件和设计要求确定设计内容。

（3）园林空间整体布局合理、功能完善、景观丰富，并具有地方特色和文化内涵。

（4）地形、植物、园路铺装、建构筑物布局合理，且能体现设计主题和风格。

附 图

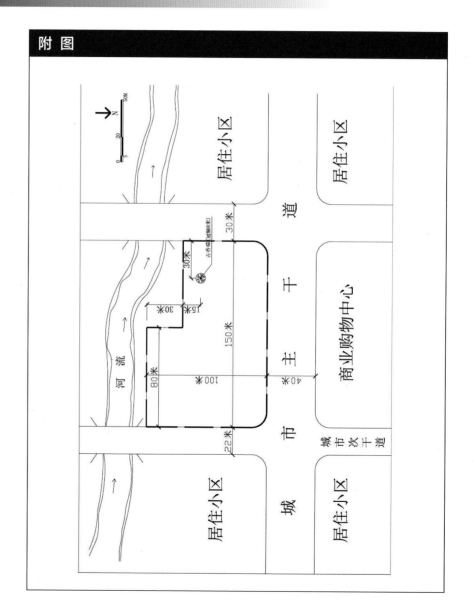

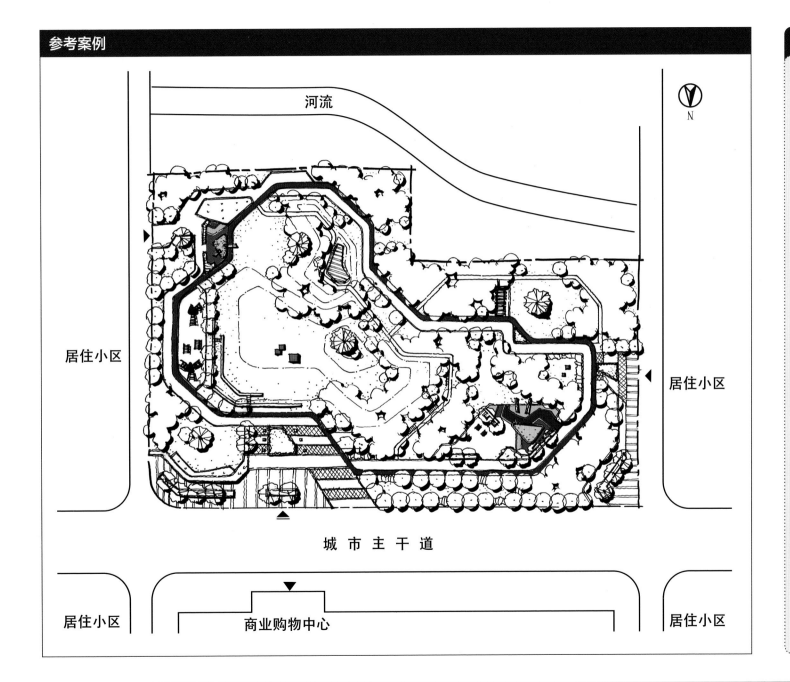

河流

居住小区

居住小区

居住小区

城 市 主 干 道

居住小区

商业购物中心

N

小贴士

（1）绿地定性：绿地率方面应满足公园设计规范中规定的≥65%；场地文化方面应体现体育休闲公园的主题，可设置慢行步道系统、分年龄层设置健身区域、儿童活动区，以及体现体育文化的系列雕塑等。

（2）基地位于江南地区，需在植物配置上考虑南方树种配置。

（3）受基地南侧商业区影响，场地南侧应设出入口并有足够硬质面积承接商业区来向的人群。

（4）基地北侧河流距离基地较远，仅需考虑景观视线的透景，不需要做大量亲水设施。

2002年北京林业大学初试试题

考试科目：风景园林设计

满分：150分　考试时间：3小时

试题题目：居住区公园设计

一、场地概况

公园位于北京西北部的某县城中，占地面积约为3.3公顷，北为南环路、南为太平路、东为塔院路。用地东、南、西三侧均为居民区，北侧隔南环路为居民区和商业建筑。用地比较平坦，基地上没有植物。

二、规划目标

公园要求体现现代开放性公园特征，成为周围居民休憩、活动、交往、赏景的场所。

三、公园主要内容及要求

公园不需要建造围墙和售票处等设施。在南环路、太平路和塔院路上可设立多个出入口，并布置总数为20～25个轿车车位的停车场。公园中要建造一栋一层的游客中心建筑，建筑面积为300m² 左右，功能为商店、茶室、活动室、管理、厕所等，其他设施由设计者决定。

四、图纸内容

提交A2图纸若干，图中网格为30m×30m。

1. 平面图1：600。

2. 鸟瞰图。

3. 节点效果图。

4. 剖面图及立面图各一幅。

5. 200m² 左右扩初图一幅。

附 图

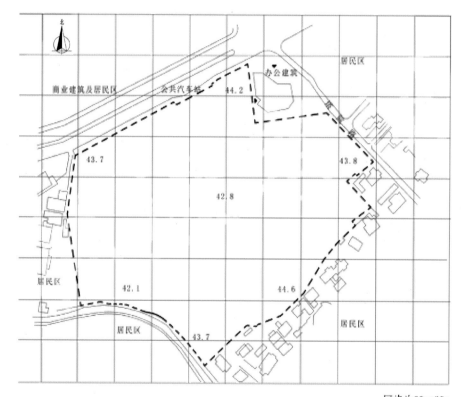

网格为30m×30m

商业建筑及居民区　公共汽车站　办公建筑　居民区

居民区

居民区

居民区

44.2

43.7

43.8

42.8

42.1

44.6

43.7

北

商业建筑及居民区　公共汽车站　　　办公建筑　居民区

居民区

居民区　　　　　北

小贴士

（1）绿地定性：现代居住区开放公园绿地率应≥65%；现代设计风格；服务人群主要为周边居民。

（2）面积为3.3hm²，一级道路在2～4.5m，并考虑消防车通行及消防辐射范围。

（3）基地位于北京西北部，植物配置上选择华北植物，考虑到工程消耗，避免营造大型人工水体。

外部环境影响

（1）居民区：用地红线东西两侧紧靠居民区，在不清楚其内部交通的情况下应考虑到公园对其产生的干扰，通过植物进行一定隔离。

（2）办公建筑：场地外东北部的办公建筑需要对其进行一定程度隔离保障安静的办公环境；考虑办公人员进入公园的便捷性，周边需要小型出入口；建筑附近的绿地可以划定出一定范围作为建筑的附属空间，供办公人员快速使用。

（3）商业建筑：建议在此人流量较大区域附近作为公园主入口选址。

（4）公共汽车站：公园主入口需要与其保持一定距离，避免人流干扰。

2016年苏州大学初试试题

考试科目：风景园林设计　满分：150分　考试时间：3小时

试题题目：市民公园设计

一、基地现状

右图为南方某城市拟规划设计的用地现状图，场地东、南、西三面为居住区和商业楼，北面紧邻城市河流。请在设计地块范围内进行设计。

二、设计要求

地块范围内有两栋16层的办公写字楼，设计时请注意保持此两栋楼的功能不受场地活动的影响。

（1）设计不少于50个停车位的生态停车场。

（2）设计满足市民日常健身活动和文化交流活动的休闲广场。

（3）景观优美，富有时代和地域性，功能组织合理。

（4）可适当设计园林建筑和其他景观小品，但建筑、道路及广场等硬地面积不超过总用地面积的40%。

三、图纸要求

（1）以恰当的比例将设计范围绘制到A1图纸上。图幅大小要能清楚反映设计的主要内容。

（2）扩初时精确到小数点后一位（10分）。

（3）绘制总平面图并附设计说明书和主要植物名录（70分）。

（4）至少绘制一个全园立面图或剖面图，比例与总平面图相同（原有建筑以方框示意）（20分）。

（5）设计一个有特色的景观小品，绘制平面图、立面图或剖面图，比例自定（20分）。

（6）绘制局部图或鸟瞰效果图（至少一幅）（30分）。

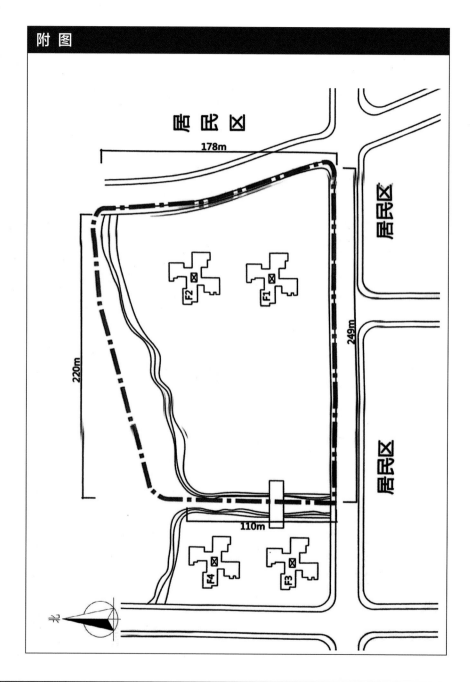

附 图

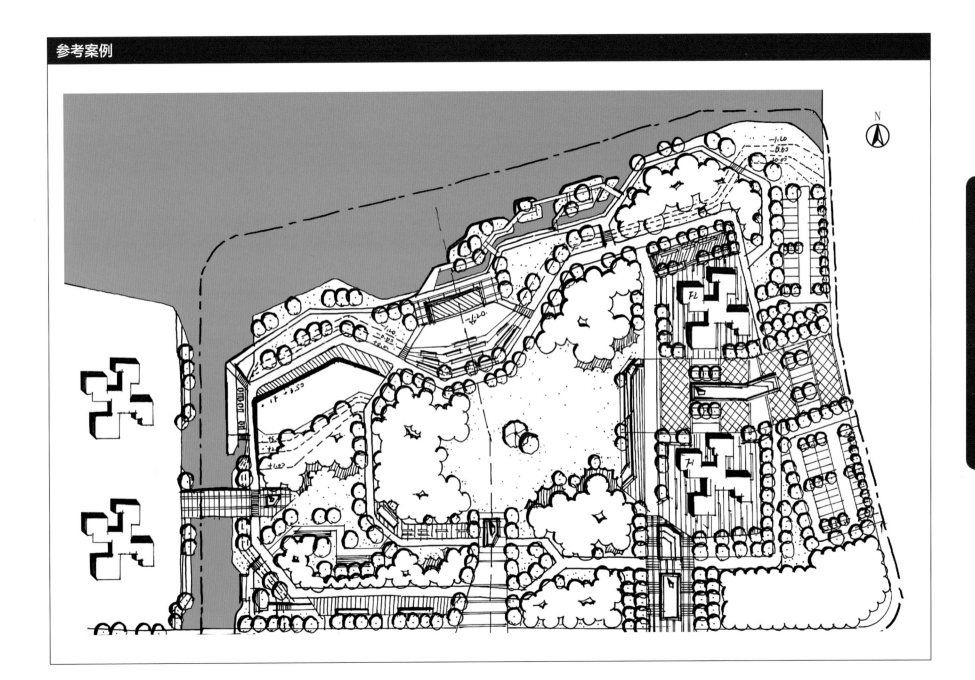

2019年浙江农林大学初试试题

考试科目：风景园林设计　　满分：150分　　考试时间：180分钟

试题题目：城市公园方案设计

一、概况

某县级市建于20世纪80年代的社区公园历经岁月长河洗礼，现拟对该社区公园进行改造设计，使其成为具有完善休闲基础设施和良好生态环境，并兼具自然教育功能的城市公园绿地。

该城市地处长江三角洲杭嘉湖平原，为亚热带季风气候区。社区公园位于城市老城区，总面积$5.33×10^4m^2$，南临城市主要干道，北面临近铁路干线，东西两侧紧邻居民住宅，南北长约310m，东西最宽处约230m，详见基地地形图。现状中水体常水位为黄海标高1.5m，水体受污染，水质较差。场地中原有茶室和活动中心两处建筑需保留。建筑风格为江南民居建筑风格。公园中七棵香樟古树需保留。

二、设计要求

（1）认真分析该公园基础资料和相关背景资料，了解基地自然特征，研究公园片区环境与基地的相互关系，形成设计理念，提出社区公园改造设计的布局结构。

（2）合理组织交通，分析基地与道路的关系，协调公园布局与出入口布局，考虑内部的游线组织方式和交通系统组织。

（3）仔细分析基地现状。在保留原有儿童游玩区场地的基础上，充分考虑景观的自然教育功能，进行设施改造更新，为儿童营造一处"寓教于乐"的活动场所。

（4）因地制宜，适度改造原有场地地形，以利于造景，并结合植物配置和节点设计。综合考虑，统一布局，创造出丰富的社区公园景观空间。

（5）各类设计指标应满足《公园设计规范》要求，绿地率应不小于70%。

三、内容要求

（1）文字说明及植物名录（15分）

① 阐明所作方案的总体目标、立意构思、功能定位及实现手段，50字以上。

② 写出本设计主要植物名录，不少于20种。

（2）方案设计（135分）

① 合理利用现状条件，突出公园改造设计的合理性。

② 要求按照题目，提交1：500设计总平面图。

③ 绘制一张1：200的面积不小3000m²的主要节点平面图，要求绘制详细的铺装、建筑设计，小品设计、植物设计。

④ 绘制一张主要节点的效果图和一张1：200的剖面图，其中效果图必须表现儿童游玩区全景效果。

⑤ 绘制一张幅面不小于A2的鸟瞰图，比例自定绘制局部或鸟瞰效果图（至少一篇）。

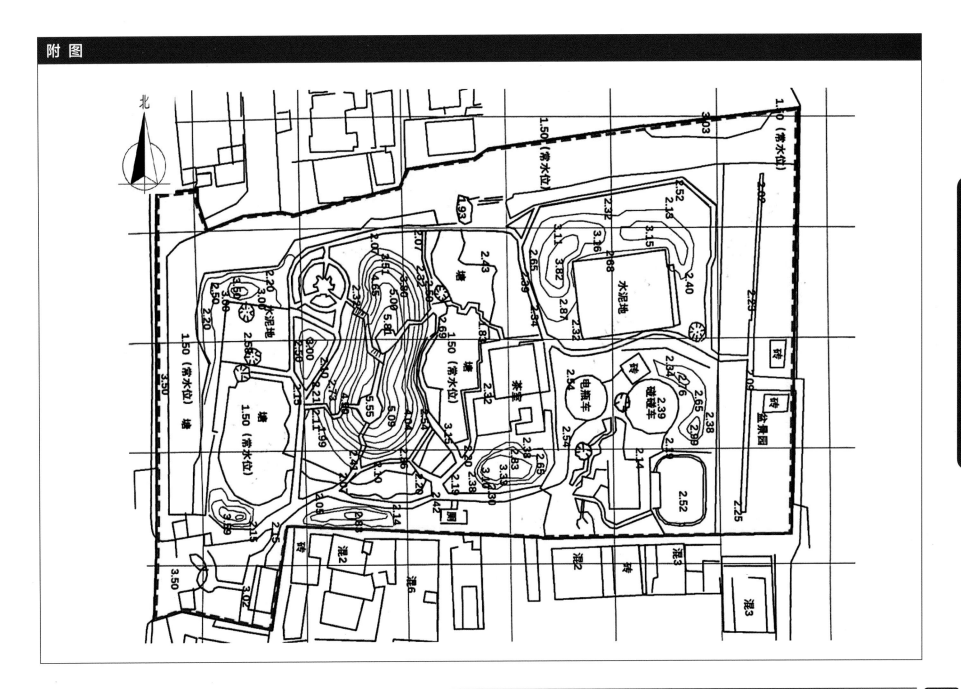

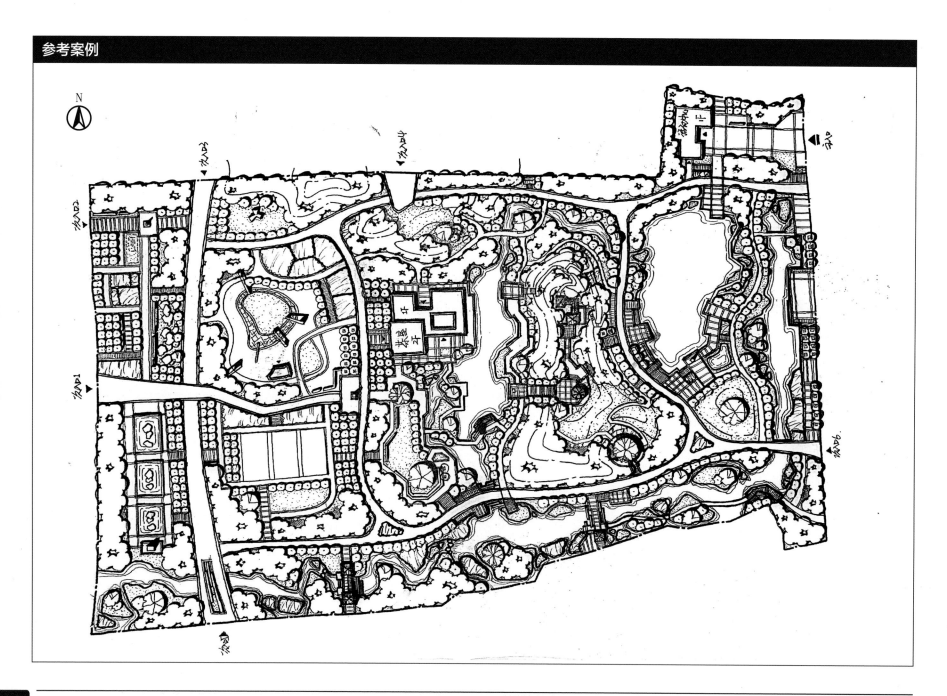

2015年北京林业大学初试试题

考试科目：风景园林设计　　满分：150分　　考试时间：6小时

试题题目：公园绿地设计

一、场地概况

某市以道路拓宽改造升级为契机进行旧城更新，通过置换的方式，将一部分原有老旧小区搬迁后的地块用作公园绿地，为旧城区增加绿色开放空间，提升居住品质与街区活力，设计场地分布于城市一条东西向主干道的两侧，整个区域的道路均要拓宽，道路红线分别拓宽至35m、30m、18m和12m，场地内现有建筑全部拆除作为绿色开放空间，总面积约5.5hm²，场地被城市道路分为了三个部分，主干道南侧二个地块，分别毗邻住宅小区、中学，城市道路和规划的商业用地，现状场地中部东西向有陡坎，相差近12m，主干道北侧有一个地块，通过现有的过街天桥与南侧的二个地块相联系，北侧的地块分别与办公用地、居住用地和城市主干道相邻，现状场地高程比城市东西向主干道低3m，场地内存在一定高差变化（平面图中数字为场地现状高程）。

二、内容要求

（1）商业区场地为开放式的城市绿色空间，设计要处理边界与城市界面的融合，让公众方便进入。必须整体考虑三个地块，通过场地设计串联整个城市街区，要通过设计建立地块间的联系性、街景效果以及与道路的整合绿地率不小于65%。

（2）毗邻中学的地块周围需要设计一片满足学生自然认知、生态探索、科普教育和动手实践的户外课堂与认知苗圃区域，面积不小于1500m²。

（3）公园绿地需要满足周边办公、商业、居住、科教用地的使用功能需求，为附近的居民、工作人员和学生提供公共休闲服务空间。

（4）在场地中选择合适的位置设计一座茶室建筑和二座公共厕所，其中茶室建筑占地面积约200～300m²，建筑外要有一定面积的露天茶座，每座厕所建筑面积100m²。

（5）设计必须考虑场地中现状高程变化，同时，尽量符合绿地内的地表径流零排放到市政管网的要求，设计可考虑场地内雨水、汇水、地表径流与竖向设计的合理结合。

三、图纸要求

（1）总平面图比例1:600，包含竖向设计（包括等高线）和种植设计（不需要标明植物种类）（80分）。

（2）节点竖向和种植设计平面图，比例1:300，选取茶室建筑周边不小于3000m²的地块进行详细的竖向设计（需标注控制点标高和排水方向）和种植设计（只需要标明植物种类，不需要标注植物规格）（20分）。

（3）局部剖面图2个，比例1:100或1:200（10分）。

（4）总体鸟瞰图1张（25分）。

（5）节点透视图1～2张（10分）。

（6）设计说明和其他必要分析图纸（5分）。

注：
（1）所有图纸画在两张A1白色不透明绘图纸上，严禁上色。
（2）附图纸资料说明：设计范围为平面图中相断线以内范围，方格网间距为60米。

附 图

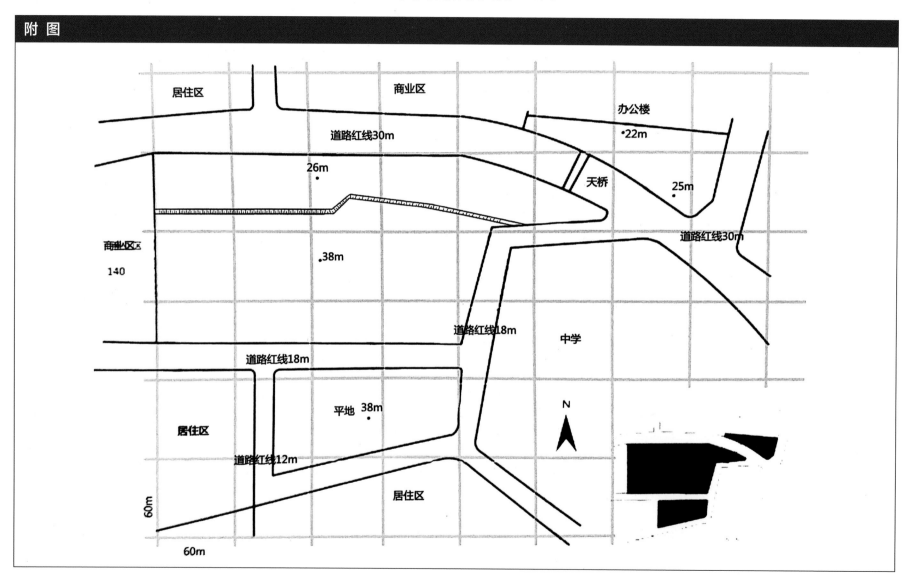

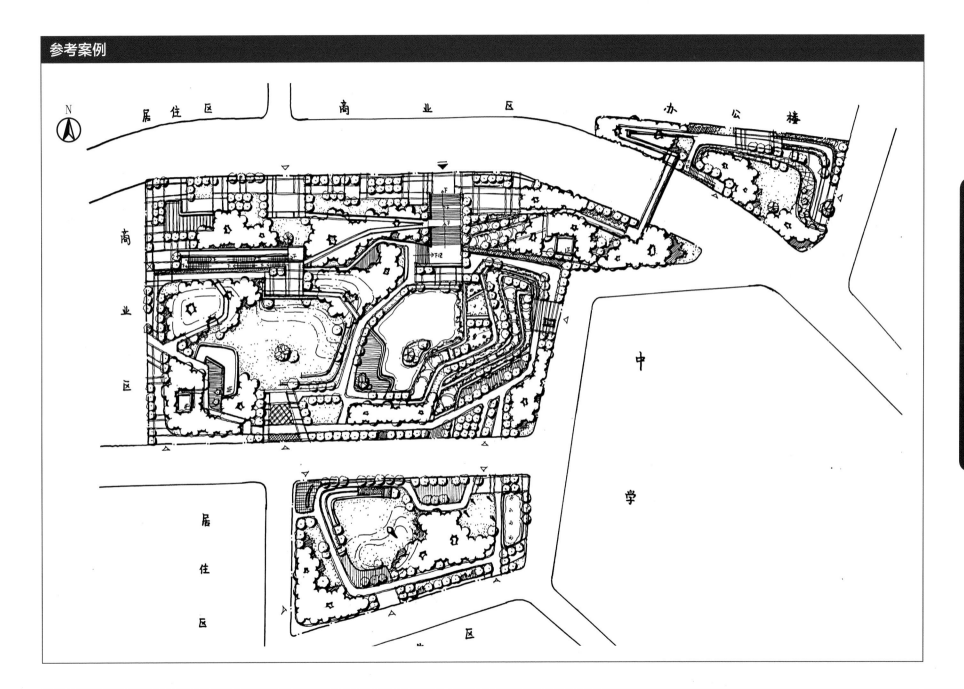

居 住 区　　　　商 业 区　　　　办 公 楼

N

商 业 区

中

学

居 住 区

第四节　纪念性景观

2019年南京林业大学初试试题

考试科目：风景园林设计　满分：150分　考试时间：180分钟

试题题目：烈士纪念园设计

一、概况

我国华东某县一旅游景区，拟建设一个抗日烈士纪念园，形成该区块的标志性景点，提升整个景区的景观环境质量，建设拟选址于景区一处山坡地，基地南侧有道路连接景区入口和其他景点，场地高差如地形图（见附图）所示，用地面积约17000m²。

二、设计要求

（1）充分结合现有地形条件，利用纪念碑、纪念景墙、纪念广场、景观小品等设计元素，形成纪念性空间序列。

（2）妥善处理好地形高差，合理安排台阶、台地和广场，从地形分析和视线分析的角度合理确定设计纪念碑的位置、高度和体量，突出纪念碑的景点作用。

（3）集合空间围合和空间序列组织，形成优美有序的绿化种植景观，树种选择应适应空间氛围。

三、内容要求

（1）总平面图：要求明确表达各景观构筑物的平面形态、铺装、绿化等，应标明各设计元素的名称、各场地和关键点的竖向标高、高差处理（标明台阶级数）等。比例1∶500。

（2）场地整体剖面图：要求能清晰表达地形和空间序列的竖向处理，明确景观构筑物的尺寸和体量关系，并表达景观视线处理的设计意图，比例（1∶300）～（1∶500）。

（3）总体鸟瞰图：要求不小于A4画幅。

（4）纪念碑设计图：平面图、立面图、剖面图，要求表达纪念碑设计的形态、结构处理和材料处理，比例（1∶150）～（1∶200）。

（5）设计说明分析图：表达设计构思及意图，比例自定。

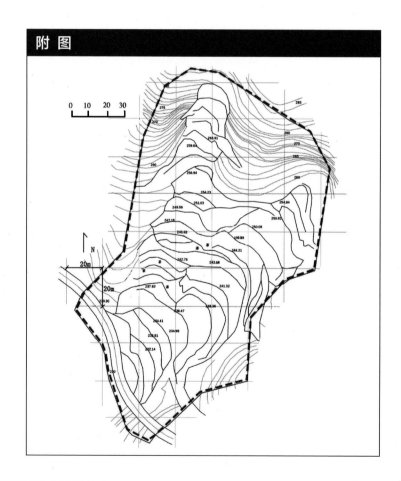

附图

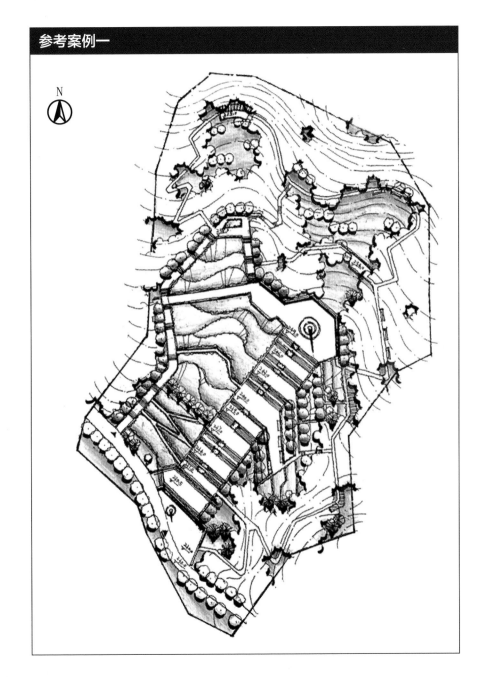

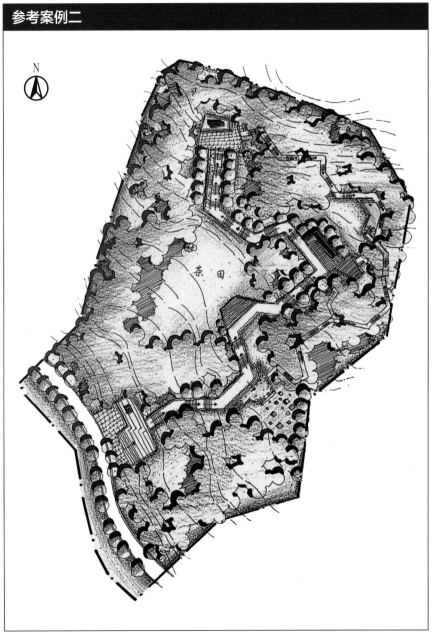

第四节 纪念性景观

第五节　生态景观

2016浙江农林大学初试试题

考试科目：风景园林设计　　满分：150分　　考试时间：6小时

试题题目：生态湿地公园设计

一、基地概况

某城市滨水区域欲退耕还湖，建设生态湿地公园。水域常水位为12.50m，枯水位为11.00m，丰水位为13.00m。本次设计范围为生态湿地公园的其中一个景区，主题自定。基地总面积约为$5×10^4m^2$，北面和东面均为沿大湖面的塘堤，南面和西面为生态湿地公园的规划电瓶车道，宽度为5米，设计标高为15.00m。基地内有三个水塘、二栋废弃的民居，若干片生长良好的柳林和农田。

二、设计要求

（1）本设计要求具有明确清晰的景区主题。

（2）公园以生态休闲功能为主，必须考虑雨水的净化与利用。

（3）要求充分考虑场地的水位变化，提出合理的设计对策。

（4）要求方案内必须设计码头、观鸟屋、茶室和厕所建筑。

三、图纸要求

（1）文字说明及植物名录（15分）

① 自拟设计主题，阐明所作方案的总体目标、立意构思、功能定位及实现手段，500字以上。

② 写出本设计中主要植物名录，不少于20种。

（2）方案设计（135分）

① 需将基地设计为生态湿地公园，并明确本景区的主题（20分）。

② 要求按照题目要求，因地制宜地进行规划设计，提交1:500设计平面图（55分）。

③ 绘制一张1:200的面积不小于3000m²的局部放大平面，要求绘制详细的铺装、建筑小品和植栽设计（40分）。

④ 绘制1张幅面不小于A3的鸟瞰图或2张能反映设计构思的效果图，其中一幅效果图必须表现观鸟屋（20分）。

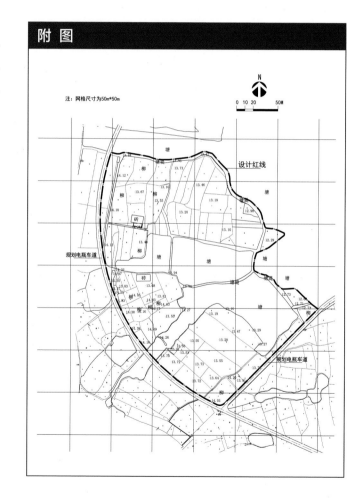

附 图

注：网格尺寸为50m*50m

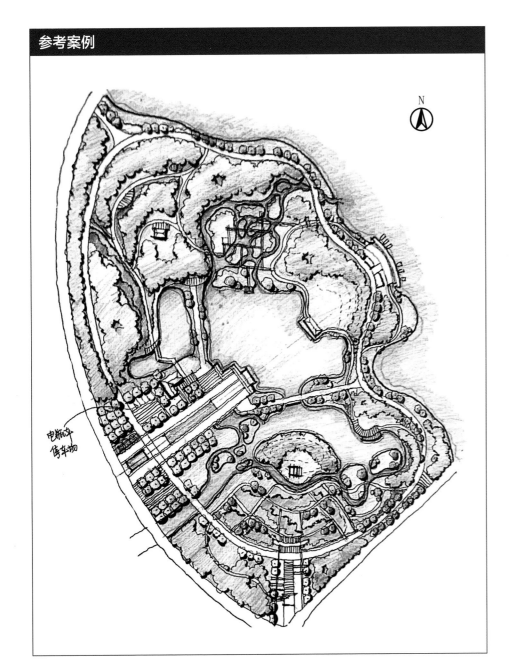

小贴士

（1）生态湿地公园中应体现生态智慧景观，可通过雨水花园、下凹式绿地、生态浮岛、净化水体设施、桑基鱼塘等生态特征较明显的景观来体现。

（2）从场地标高可看出，由道路向水库方向，地势逐渐降低，故在主园路的设置上应考虑水位变化而设置在最高水位线之上，保证永久不被淹没，而次园路则考虑多层次的亲水体验，创造高低层次的变化。

（3）三个保留水塘的水体形态梳理要注意大小水面的对比，避免水面大小相似；运用不同滨水处理手法，创造与水面亲疏有秩、移步异景的滨水景观。

（4）结合水位变化、雨水的净化和利用以及一定的人工措施等设计生态消落带。

2017年华南理工大学初试试题

考试科目：风景园林设计　满分：150分　考试时间：6小时

试题题目：湿地公园设计

一、概况

南方地区一农村村口，拟改善环境，现进行小型人工湿地公园的规划设计。

二、设计要求

（1）人工湿地景观区包括人工湿地小净化系统、湿地景观及河道驳岸设计。

（2）生态展示馆：建筑面积约为300m²（展示馆150m²，办公室30m²，厕所50m²，接待室30m²，交通面积自定），建筑总面积可以上下浮动10%。

（3）30人的活动广场，10个车位的停车场。

（4）乡村社区公园的基本功能配套，具体内容自定。

三、内容要求

（1）彩色平面图，(1:300) ~ (1:500)，应标明功能和景点名称、主要植物名称、竖向标高。

（2）生态展示馆建筑平面图、剖面图各1个(1:100) ~ (1:50)建筑低点透视图一个。

（3）人工湿地水净化系统工作机理示意图。

（4）公园场地剖面图一个，河道驳岸剖面图，比例自定。

（5）公园鸟瞰图一个。

（6）规划设计分析图，内容比例自定，简要设计说明文字及经济技术指标。

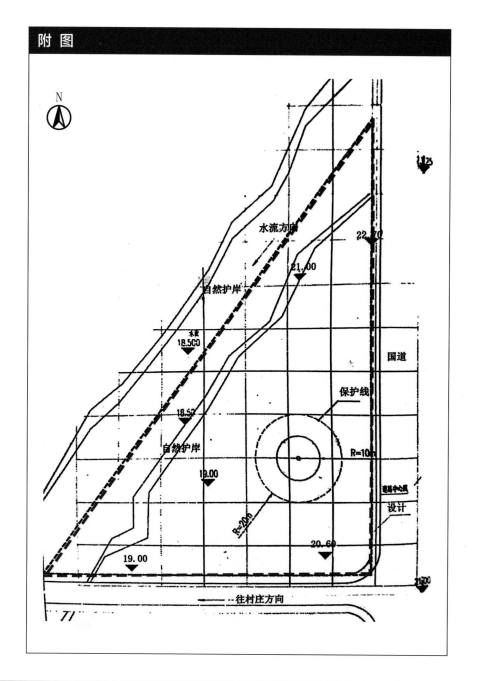

附图

（1）主入口由于不需要通车，因此可以采用构筑物，引导强烈视线。结合古树形成对景。

（2）村口景观结合古树名木的景观营造，建议重点考虑，体现本土景观。

（3）场地中有2.5m的高差，建议在处理滨水景观时，考虑不同层级的滨水体验。

（4）场地的面积不大，是不到两公顷的村口公园，在处理建筑的时候，要着重考虑景观的融入性，尤其该快题讲究层叠性，如何衔接功能，赋予景观是重点。

（5）乡村景观，同时结合水生态是近年来的考题特点，因此要在平面图上，让评卷老师一眼就看到我们做了水处理，在这里提供一种解决办法，即形成体系小空间的水处理，在分析图中可以结合LID理念的渗、滞、蓄、净、用、排，以及结合园林工程的给排水和水净化着重表达和考虑。

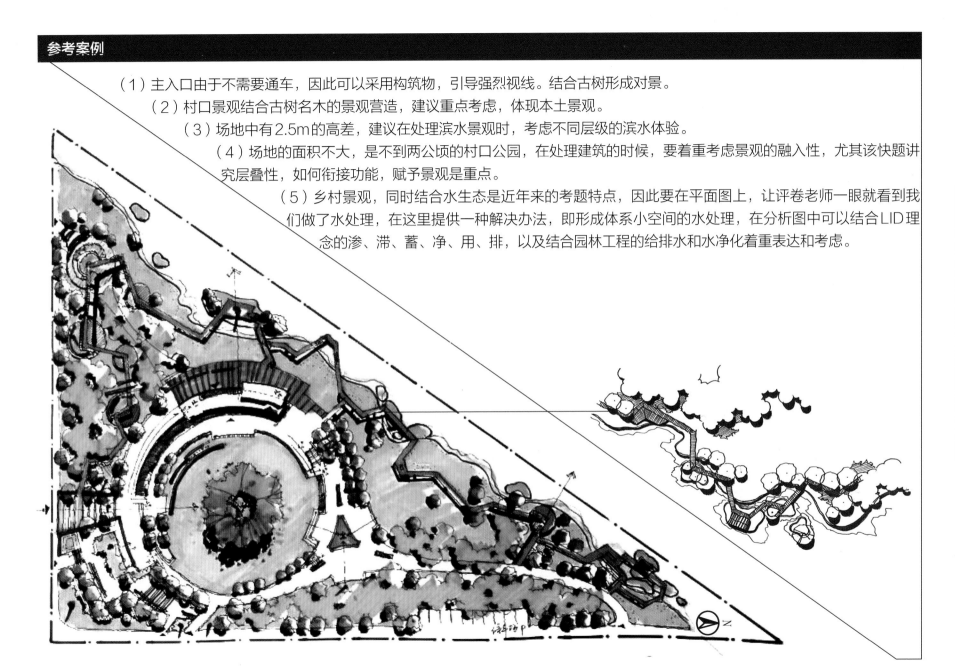

第六节 滨水景观

东南大学某年保研试题

考试科目：风景园林设计　　满分：150分　　考试时间：6小时

试题题目：滨水公园景观方案设计

一、场地概况

（1）城市公园规划　中国某南方山地城市拟利用滨河区建设开放式城市公园一座，基地内分布有文化艺术中心一所（现代建筑风格），两座保留清代古民居及三棵古樟树。基地东侧为多层居住区，北侧为一大型休闲购物中心。公园出入口位置与数量由设计者确定，但需要结合出入口设置不少于20个小型车位的集中停车场，其他设施请根据国家相关规范进行规划。公园滨水区设计需要充分考虑水位变化（常水位标高为103.9～104.3m），防洪标准为20年一遇，防洪标高为105m。

（2）文化广场设计　鉴于古民居与古樟树已成为当地重要的文化景点，请结合地形设计一处供居民休闲及旅游者观光活动的硬地广场，面积不小于4000m²，广场范围可自定。

二、设计内容

1. 环境景观设计

（1）城市公园规划

① 总平面图1:1000及必要的分析图。

② 场地断面图1:500且不少于两个方向。

（2）文化广场设计

① 总平面图1:300及必要的分析图。

② 鸟瞰图（图幅不小于A3尺寸）。

③ 必要的局部透视图及文字说明。

2. 建筑景观设计

（1）现代风格小卖部1个（18～20m²）、露天茶座1个（50～70m²）、喷泉水池1个、厕所一个（16～20m²）。公园北面设200～250m²停车场（公园南北不设围墙，不设园门）。

（2）小卖部平面图及周边环境、剖面图、立面图，比例自拟。

附 图

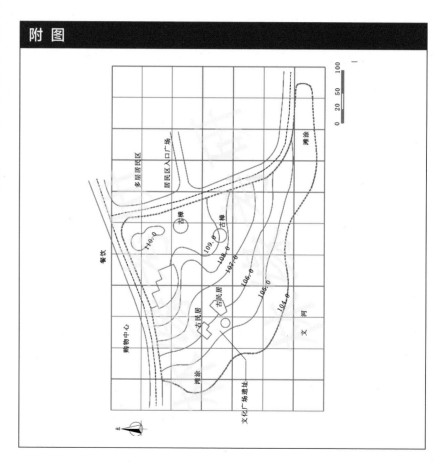

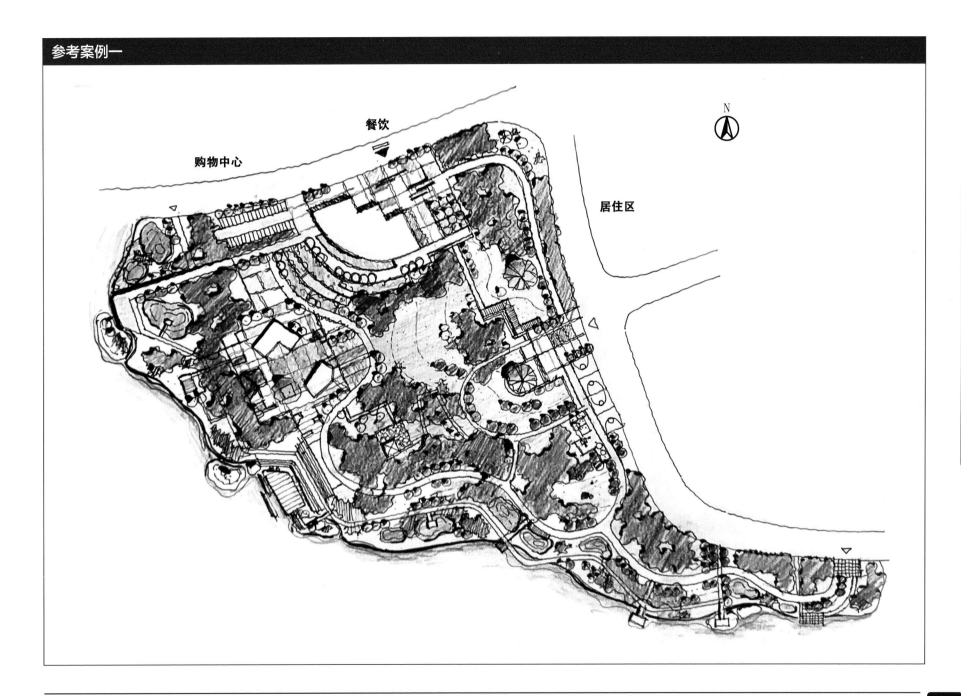

购物中心

餐饮

居住区

N

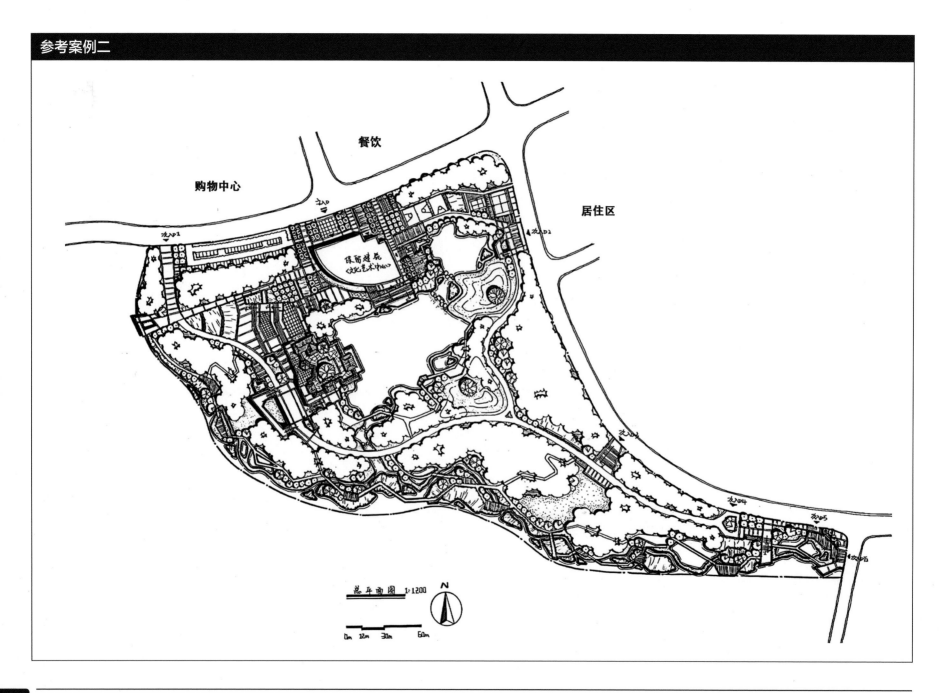

餐饮

购物中心

居住区

总平面图 1:1200

N

0m 12m 30m 60m

2017年北京林业大学初试试题

考试科目：风景园林设计　　满分：150分　　考试时间：6小时

试题题目：城市滨河公园设计

一、概况

某城市在新的发展机遇中，提出建设"新城区"的计划，作为新城区的绿心（图中虚线范围）——中心公园和滨河公园的建设，是新城区建设的启动项目。绿心周边主要用地为商业中心和居住用地并紧邻穿越新城区的自然河流。

沿河流的绿地将打造成未来滨河景观带，驳岸主要为自然型岸线，滨河公园将成为城市滨河景观带上的重要地点，面积为5.3hm^2，场地上有天然形成的汇水沟和坑塘，在雨季，汇水沟和坑塘将形成季节性的溪流和湿地，城市河流常水位在45.0m左右，雨季升为46m，因此部分滨河公园处于季节性可淹区，滨河公园南侧的城市环路同时作为防护堤坝。

滨河公园南侧城市环里为中心公园地块，面积为12hm^2，地势南高北低，现状标高为47.2～56m。场地有天然形成的汇水沟，最低标高为46.5～47.5m，雨季形成汇水，向北流入河流中，地块中有个土丘，高度约为8m左右。该地块周边有地为商业综合体，包括购物中心、餐饮和商务办公区。随着各座写字楼建成入住，此区域将集居住、工作、休闲，消费融为一体。所有建筑均为现代风格，地块四周为城市干道和商业建筑的规划道路，中心公园的建设将为连续、紧张的街道界面提供一个绿色轻松的空间。

二、内容要求

对中心公园和滨河公园的一体化设计，形成城市与自然的良好呼应关系，整个公园由汇水沟穿越的环桥下的路连接。

1. 充分打造滨河公园景观带节点，在设计中应考虑与未来的滨河景观带的贯通与衔接。结合滨河公园西侧的坑塘，设计一处5000～6000m^{2}的湿生植物花园。提高可达性，为市民提供优质的亲近自然和休闲活动的空间，让人们得以亲近和体验河流，使得这里成为骑行、慢跑、日光浴的理想场所，考虑到预计46.0m的淹没区域，设计时考虑雨季时的公园使用情况。

2. 不设置围墙，中心公园作为开放性公园，服务于整个区域，考虑从城市道路和商业建筑进入中心公园的可能性。提供能进行良好户外休闲和交流的场所空间，使人们可以享受到室外自然的公开休憩和活动，充分体现商务文化特性，设置一处适合举办城市活动的多功能场地，如时尚品牌发布新产品、文化人群做主题沙龙、明星举办露天演唱会、艺术家展示当代先锋艺术等活动。公园中设置一系列的服务设施和构筑，包括一处800m^{2}的综合服务建筑提供餐饮、咨询服务。对场地现有的汇水沟及土丘进行整理，形成优美的地形地貌景观。

三、图纸要求

（1）总平面图1:1000，包括等高线竖向设计（60分）。

（2）全局鸟瞰图（30分）。

（3）局部效果图2张（20分）。

（4）剖面图2张（20分）。

（5）节点平面：滨河公园湿生植物花园1:250（20分）。

网格50m×50m。

白纸黑白墨线绘制，严禁上色，严禁使用灰色马克笔，所有图纸绘制在2张A1图纸上。

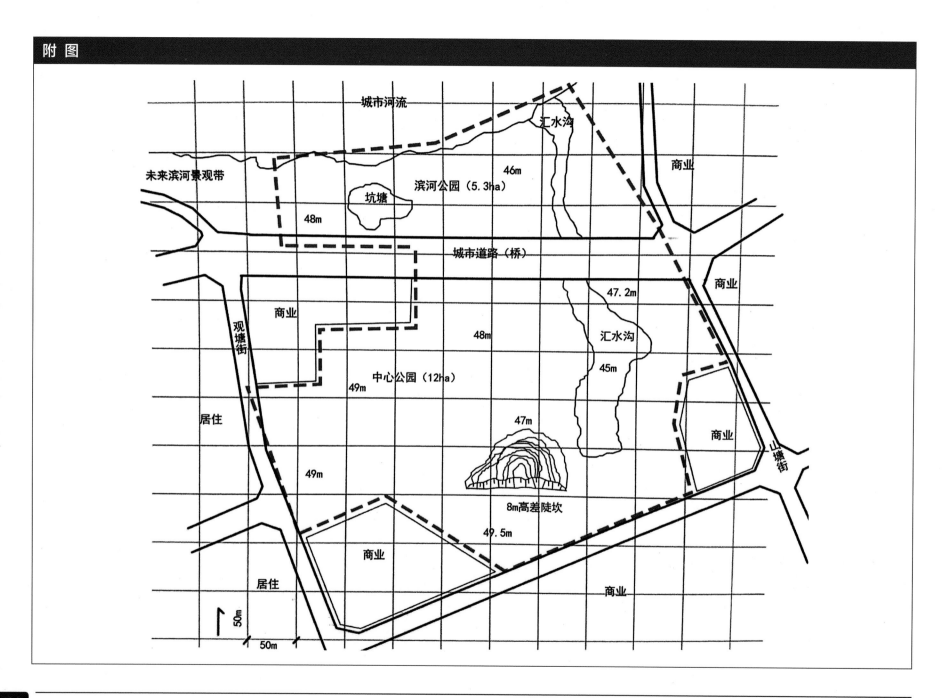

城市河流

汇水沟

未来滨河景观带

46m

商业

滨河公园（5.3ha）

坑塘

48m

城市道路（桥）

商业

47.2m

商业

观塘街

商业

48m

汇水沟

中心公园（12ha）

45m

49m

居住

47m

商业

49m

8m高差陡坎

49.5m

山塘街

商业

居住

商业

商业

50m

50m

N

商业办公

第七节　山地景观

2017年南京农业大学初试试题

考试科目：风景园林设计　　满分：150分　　考试时间：180分钟

试题题目：城市绿地景观方案设计

一、场地概况

长江流域下游地区江南某市一街头绿地需进行设计，设计场地如下面所给平面图，图中宽实线范围为规划设计场地。该场地四周由道路围合，道路等级见图。东侧边界长约65m，南侧边界长约200m，西侧边界长约100m，北侧边界长约250m，场地北侧为植被良好的自然山体；南侧和西侧为居住区；东侧为商业街区。场地分为两层，北部高、南部低，具体高程见图。场地内有一组保留老建筑，主体两层，主要功能作为地方文化馆。中部有一水塘，水深约1.5m，西南角有数株银杏。具体地形条件见图。场地内现为荒地，土壤中性，土质良好。设计时注意与周边环境的关系处理，考虑高差，整体设计。

二、设计要求

请根据所给场地的环境位置和面积规模，完成方案设计任务，要求具有一定的游憩、活动功能，设计内容必须包含如下要求。

（1）一个用于休憩的"亭"类小建筑。

（2）一个约20个车位的机动车停车场一个。

（3）一个自行车停车场。

（4）凸显地方文化特色的雕塑一座，主题自定。

三、图纸需要

图纸规格：A2白色绘图纸一张，图纸内容如下。

（1）构思分析图。

（2）总平面图1：500，需要标注主要景观建筑小品/植物/设施名称等，主要设计标高。

（3）剖面图1个，需要反映主要竖向设计及场地高差关系，标注标高。

（4）主要景观效果图1个，或者整体鸟瞰图1个。

（5）简要的设计说明（200字左右），设计说明文字内容包括设计构思、景观特色、主要材料运用等。

（6）整体表现，设计表现方法不限。

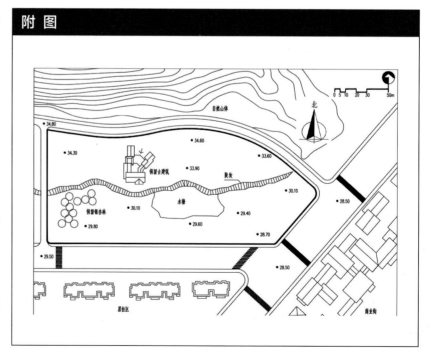

附图

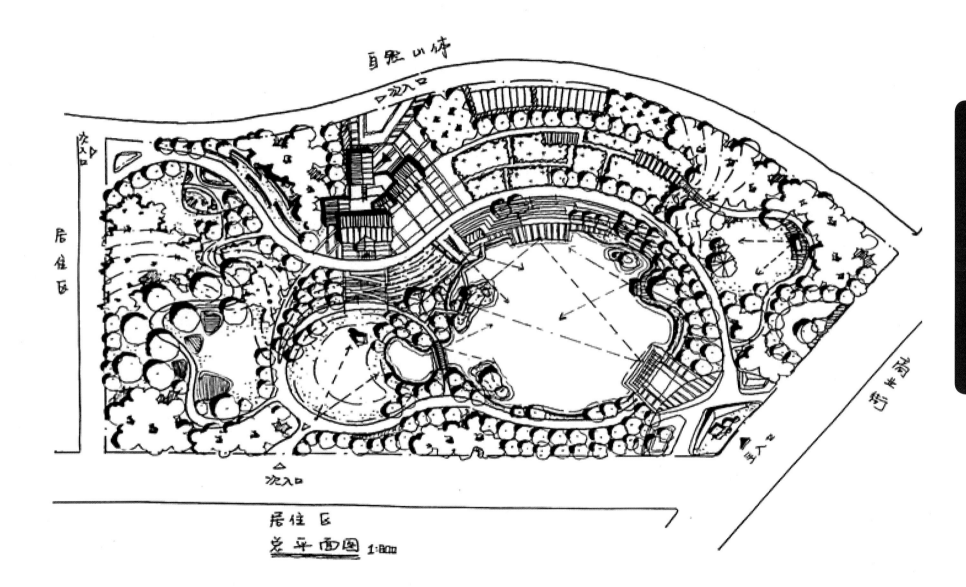

自然山体

次入口

主入口

居住区

次入口

居住区

总平面图 1:800

2019年天津大学初试试题

考试科目：风景园林设计　满分：150分　考试时间：180分钟
试题题目：山地公园设计

一、概况

　　该地区位于北方某郊区的封闭式疗养院的山坡。北侧是城市道路，东侧为疗养院建筑，疗养院建筑为中式风格。从疗养院综合楼内环路进入。场地为坡地。有一定的高差，山峦西侧的坡顶有一个清代的六角古石亭。基地上植被丰富。

二、设计要求

　　（1）设计为该疗养院服务的健身休闲后花园。并且要求中式风格。
　　（2）场地坡度较陡，需要考虑雨洪管理。
　　（3）设置无障碍环路。
　　（4）标明场地高程及平台上下台阶的高差等。

三、内容要求

　　（1）总平面图1张（比例不限）。
　　（2）景观表现图2～3张。
　　（3）剖面图、立面图各至少1张。
　　（4）设计说明（字数不限）。

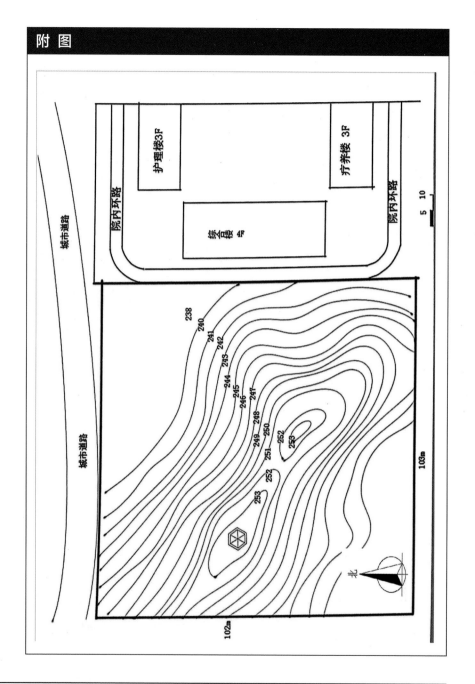

附　图

· 入口部分：此部分的空间处理讲究通过小水面与场地主体水域形成对比，实现将人的注意力留在入口部分，在通过长廊以后能产生豁然开朗之感。

· 理水：结合场地汇水线构成曲折环绕、收放自如、动静有致之感。

主要处理成四大部分。

① 入口小潭：结合曲溪、小水的处理讲究静中有致，结合周围的植物种植以及仿古石灯、山石器设等将人的注意力留在入口处。

② 中心水面：水面中结合一池三山的仙苑意境，营造意境。

③ 跌水：充分利用25m的高差营造佩环之音。

④ 石桥瀑布：营造瀑布景观，同时结合步道营造步移景异之感。

小贴士

场地需考虑雨洪管理，在山谷处设计跌水景观，主入口正对山脚的汇水场所，营造雨水花园景观。根据场地原有地形的两处制高点，结合原有的古亭设计对景，同时设计一处休憩空间、一处观景空间。结合无障碍坡道设计一系列的花带景观体验，道路与水体忽远忽近，体验跌水瀑布景观。

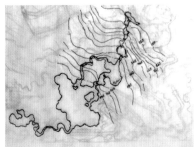

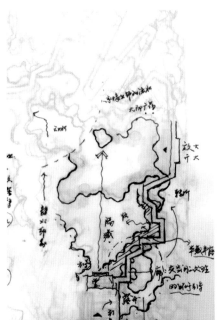

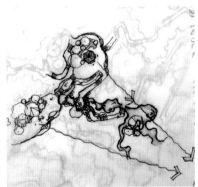

第八节 乡村景观

2015年南京林业大学初试试题

考试科目：风景园林设计　满分：150分　考试时间：180分钟

试题题目：景区入口周边绿地景观设计

一、概况

中国江南地区某村庄叶家村，因大力发展当地旅游经济，为适应旅游业发展以及当地居民不断丰富的休闲娱乐活动，现准备对村庄入口处一集中绿地进行重新规划设计。用地西南、西北、东北三面环山，为自然丘陵山地，被亚热带常绿阔叶林覆盖，生态条件较好。设计场地为湿陷性土地，村口河床为沙子，质地松软，水渗透较快，村内建筑使用的材料主要为鹅卵石，鹅卵石路也是叶家村的一大特色。东南侧为现状耕地，村庄唯一入口位于场地东侧，场地中间为一现状水泥地，场地由东至北一条环路绕过场地。（详见用地现状图）要求在红线范围内进行规划设计，基地面积为15800m²。

二、设计要求

（1）场地性质既要满足景区入口的人流集散，同时还是周围居民休闲、活动、交往的场所。

（2）场地入口之前已经设置大型停车场，故场地内不需设置停车场。

（3）场地中要建造一处服务建筑，总建筑面积200m²左右，功能为管理室、厕所、小卖部、活动室，其他设施由设计者自定。

（4）景区内部建筑为中式风格，可适当结合中式建筑元素来营造景观空间。

（5）要求尊重场地现状特征，因地制宜；注意场地高差的处理，设计风格不限。

三、设计内容

（1）总平面图1:600比例尺，标注主要景点、景观设施及场地标高，以及场地竖向设计等高线图（60分）。

（2）总体鸟瞰效果图一幅，不小于A4图幅（40分），局部景观效果图一张（10分）。

（3）若干分析图和反应场地竖向变化的剖面图，比例自定（15分）。

（4）不少于200m²的局部节点放大图，其中包含服务建筑，比例自定（15分）。

（5）设计说明（150～200字）及相应经济技术指标（10分）。

附 图

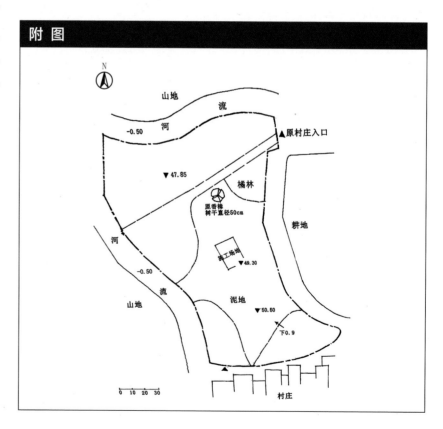

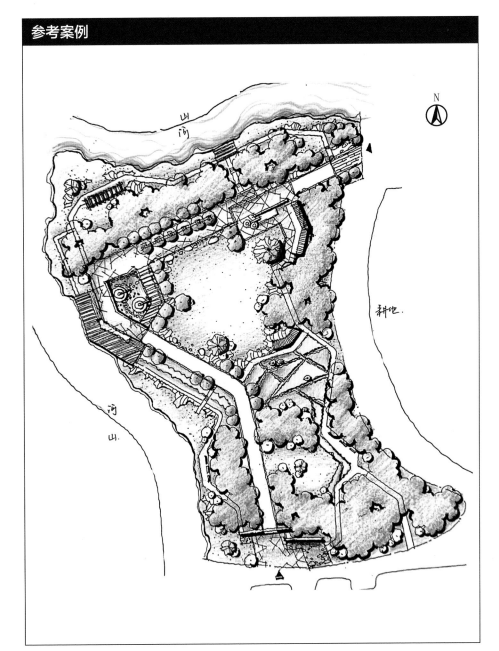

乡村石磨景观

第八节 乡村景观

小贴士

（1）体现乡村区域景观特征，如运用白墙青瓦、鹅卵石等打造景墙、特色铺装、互动性稻草人等乡村景观。

（2）乡村景观要突出其质朴、生态的景观特征，考虑园林工程上的经济性和可持续利用性。

2015年东南大学硕士研究生入学考试试题

考试科目：风景园林设计　满分：150分　考试时间：180分钟

试题题目：花卉博览园景观规划

概况

长三角地区某城镇响应"美丽乡村"建设号召，持续进行生态旅游、特色休闲产业发展，现拟结合当地景观苗圃种植基地，利用其闲置用地建设花卉博览园。

该花卉博览园红线范围如图所示，占地面积约4hm²（含现状水域面积约0.7hm²），基地南侧为城市公路，西侧毗邻现状主入口与已有建筑，北、东面均为内部建成道路，并与现状苗圃、发展备用地隔路相邻，基地内部土地基本平整，局部有凸起，现有需保留古树若干，并有现状沟塘水系穿行，常水位标高15.2m。注：可根据设计意图适当改造地形及水系。

该花卉博览园不得向城市道路增设道路出入口，需结合现状内部道路情况进行交通组织，基地内部可结合现状道路情况，规划车行道，须设置地面停车场一处（停放小型车辆20辆），结合现状建筑布局情况，规划设计花卉博览中心（位置自定，总建筑面积2000m²左右），可局部2层，仅进行总图设计，分析现状水系情况并适当改造，进行开放空间绿化景观设计，形成功能合理、空间丰富的滨水游览景观，设计具有景观特色的滨水小茶室1座，建筑面积150~180m²，功能自拟，其他景观功能设施可根据花卉博览与游憩需要自定，应体现特色主题，注重场所空间的营造。

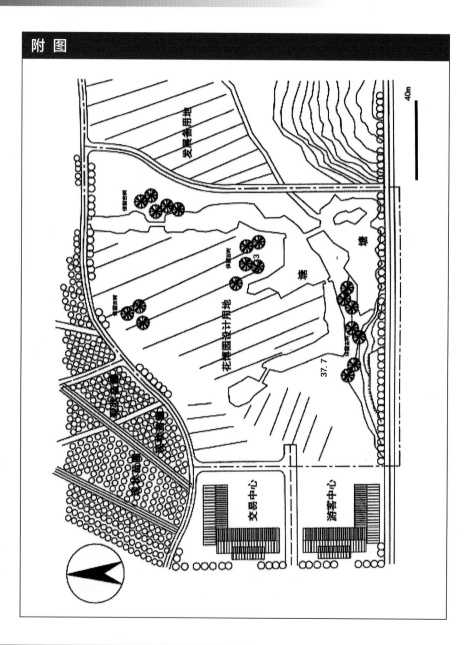

附图

参考案例一

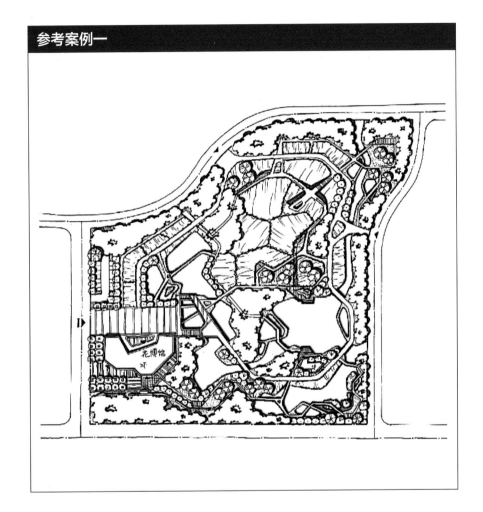

参考案例二

小贴士

（1）绿地定性：思考花卉博览园的花卉主题及花卉展示功能如何体现，可设置花圃种植体验区、可食花卉餐厅、花田、花境畅游区。

（2）场地面积为 3 ~ 4hm²，且考虑展览苗圃的运送等，园路需考虑消防和运输通车，一级道路在4m左右，主路成环。

（3）其他考点有：水系梳理；保留树的处理方式；花卉博览中心建筑和茶室建筑的面积计算与位置选择。

"LESS IS MORE（少即是多）。"

——密斯·凡德罗

第五章

16 例学生作品与教师精改

优化学员作品，提升方案能力

第五章 16 例学生作品与教师精改

原作品

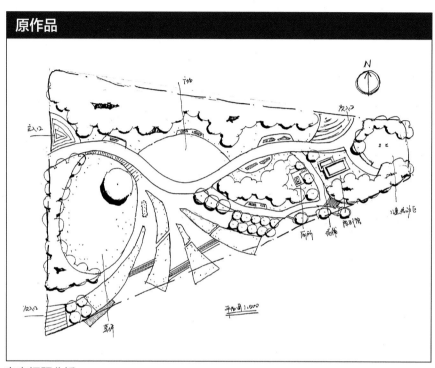

精改后

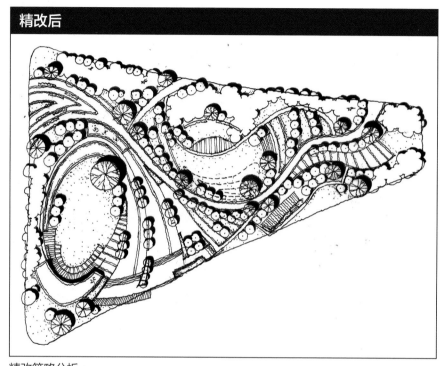

存在问题分析：

空间较为单调，植物配置手法单一。

精改策略分析：

保留主要功能与形式，细化小空间，重新进行植物配置。

精改细节展示

入口细节修改

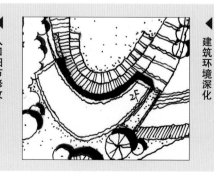
建筑环境深化

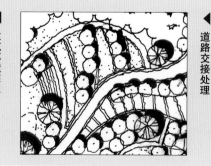
道路交接处理

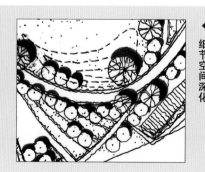
细节空间深化

古钟纪念公园学生作品与教师精改

原作品

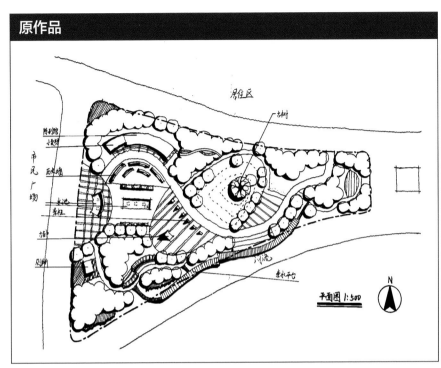

居住区

平面图1:500

N

存在问题分析：
主次空间没有区分开，轴线的序列感不强烈。

精改后

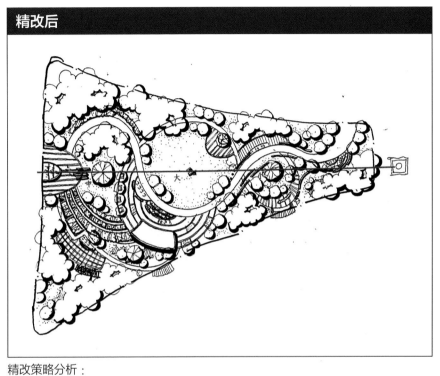

精改策略分析：
对主次空间进行重新梳理，加强轴线的序列感。

强调入口轴线

节点空间深化

建筑环境修改

细节空间深化

精改细节展示

原作品

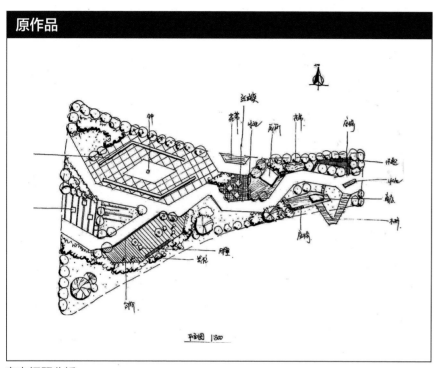

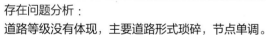

精改后

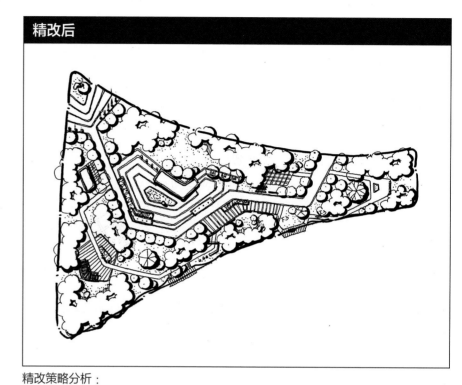

存在问题分析：

道路等级没有体现，主要道路形式琐碎，节点单调。

精改策略分析：

优化路网形式，区分道路等级，细化小空间。

局部节点深化

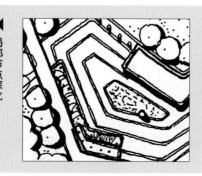

丰富活动广场

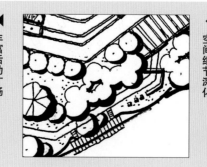

空间细节深化

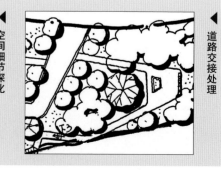

道路交接处理

精改细节展示

校园绿地学生作品与教师精改

原作品

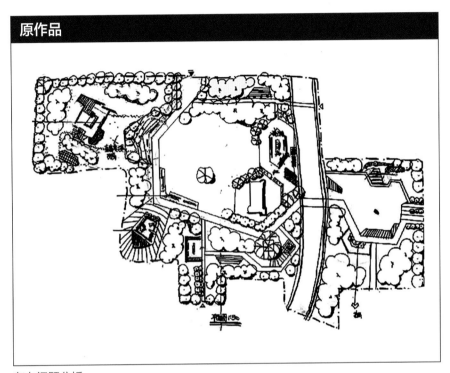

精改后

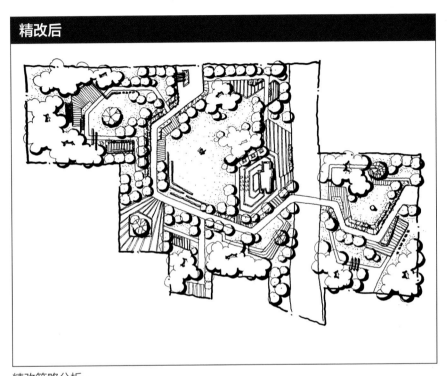

存在问题分析：

空间较为单调，缺少硬质铺装，植物配置缺少变化。

精改策略分析：

对主次空间、疏密、植物配置进行优化，加强细节表达。

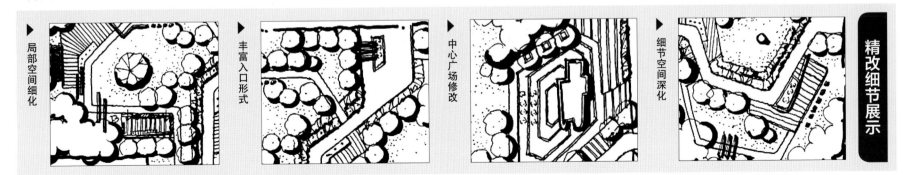

► 局部空间细化　► 丰富入口形式　► 中心广场修改　► 细节空间深化

精改细节展示

第五章 16 例学生作品与教师精改

原作品

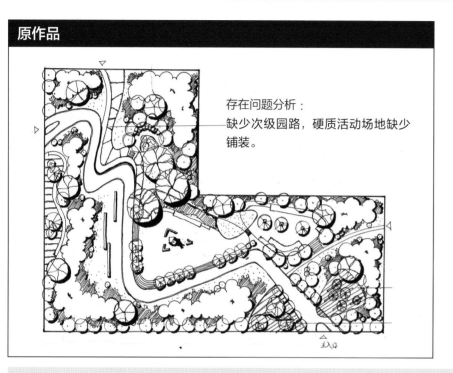

存在问题分析：

缺少次级园路，硬质活动场地缺少铺装。

精改后

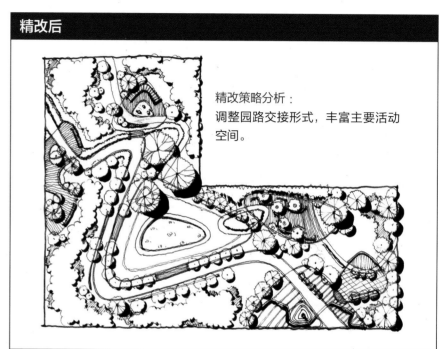

精改策略分析：

调整园路交接形式，丰富主要活动空间。

精改细节展示

节点空间细化

丰富中心广场

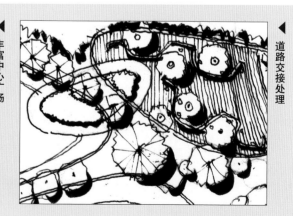

道路交接处理

校园广场学生作品与教师精改

原作品

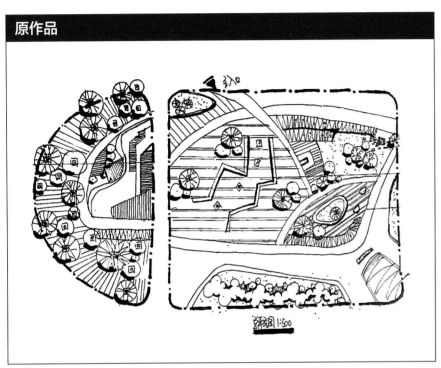

精改后

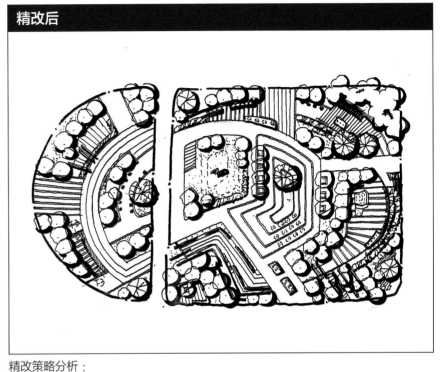

存在问题分析：
功能区单一，硬质率过高，植物配置杂乱。

精改策略分析：
对功能区进行重新划分，区分场地铺装形式，改进植物配置。

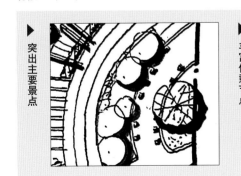
突出主要景点

丰富休憩节点

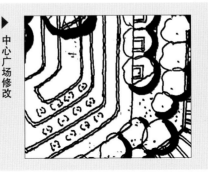
中心广场修改

细节空间深化

精改细节展示

校园广场学生作品与教师精改

原作品

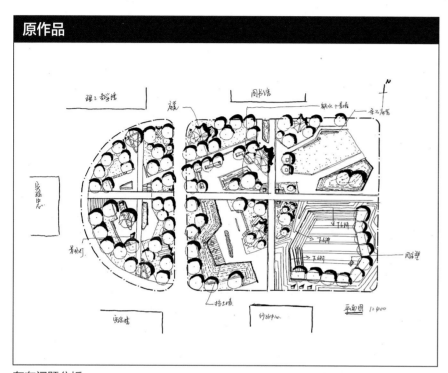

精改后

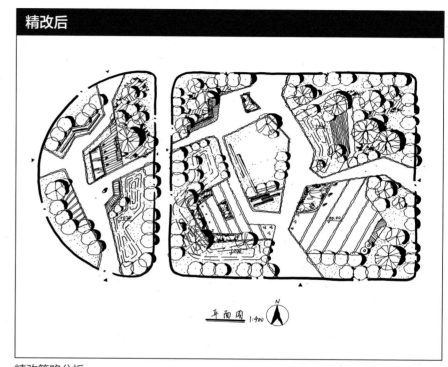

存在问题分析：

广场内部流线不清晰，植物种植层次不明显。

精改策略分析：

整理广场内部流线，深化细节，改进植物配置。

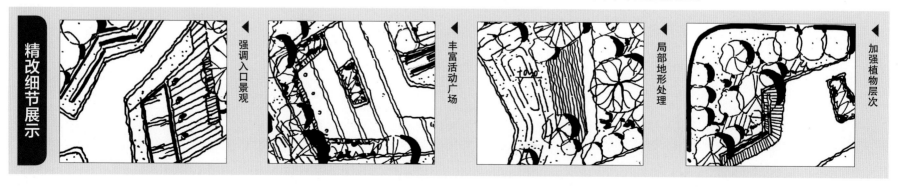

强调入口景观

丰富活动广场

局部地形处理

加强植物层次

广场设计学生作品与教师精改

原作品 存在问题分析：线形杂乱，空间大小对比不明显，各区域功能没有区分。

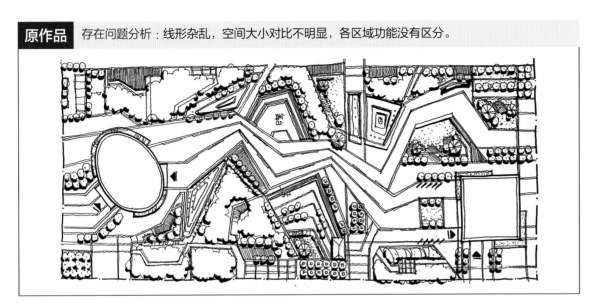

精改细节展示

主要广场及舞台空间的修改

精改后 精改策略分析：整理构图形式，区分主次空间，深化细节。

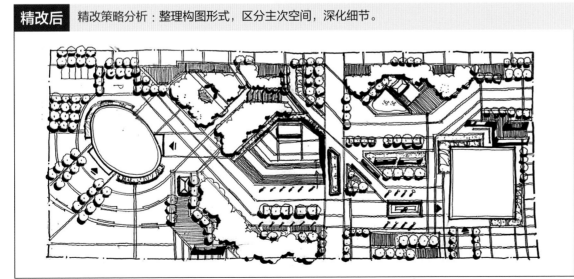

节点细节深化

广场设计学生作品与教师精改

原作品 存在问题分析：道路交接不流畅，缺少建筑外环境的处理。

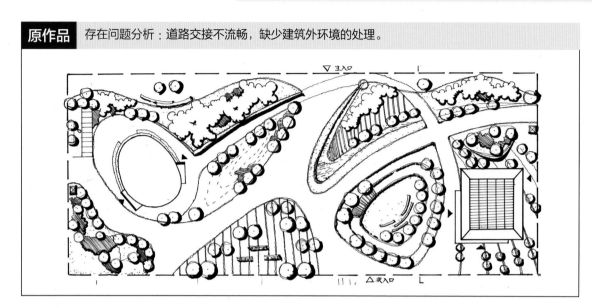

精改后 精改策略分析：改进路网结构，加强建筑前的轴线感，区分主次空间。

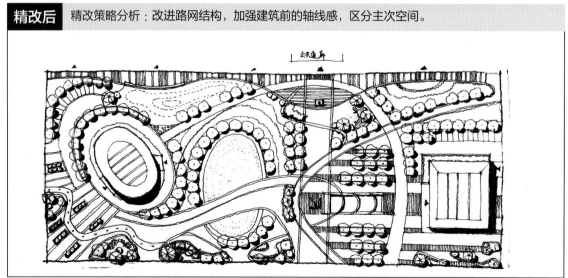

精改细节展示

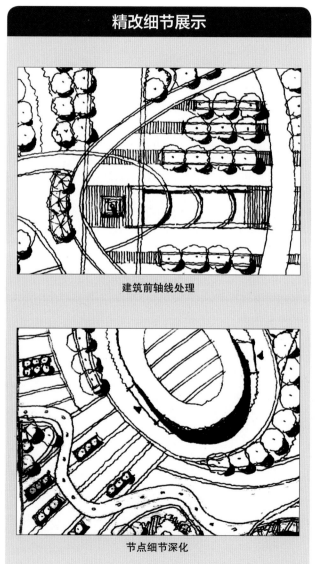

建筑前轴线处理

节点细节深化

广场绿地组合学生作品与教师精改

原作品

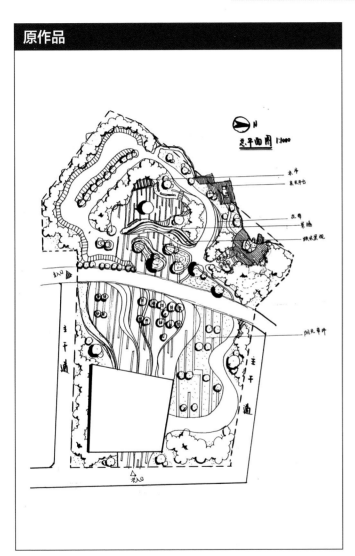

精改后

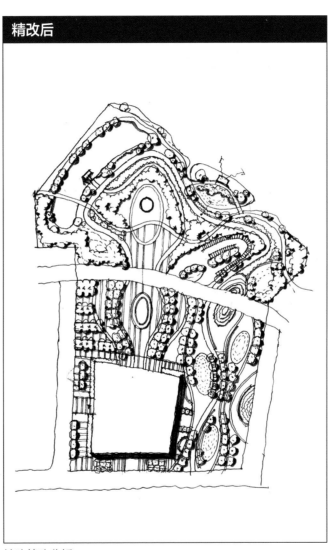

精改细节展示

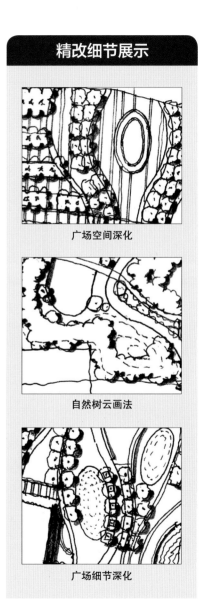

广场空间深化

自然树云画法

广场细节深化

存在问题分析：
广场功能单一，绿地道路等级不明显，缺乏轴线。

精改策略分析：
丰富广场功能空间，梳理路网结构，加强轴线。

白马公园学生作品与教师精改

原作品

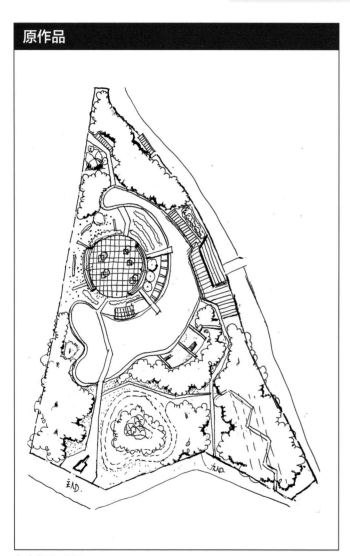

存在问题分析：
道路分级不明显，空间单调，植物围合较为死板。

精改后

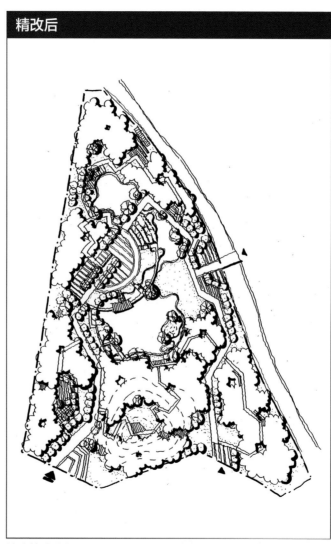

精改策略分析：
修改道路结构与水系形状，深化空间细节。

精改细节展示

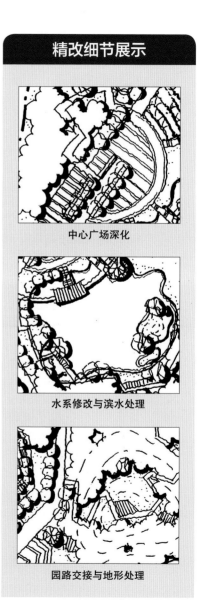

中心广场深化

水系修改与滨水处理

园路交接与地形处理

翠湖公园学生作品与教师精改

原作品	精改后	精改细节展示

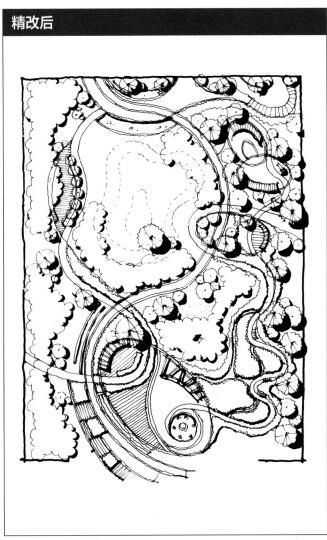

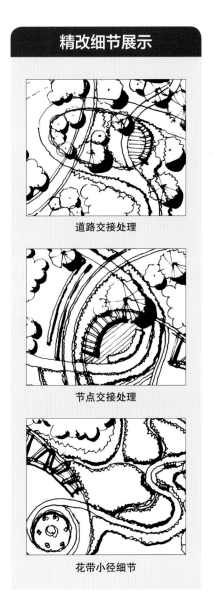

道路交接处理

节点交接处理

花带小径细节

存在问题分析：

园路交接不顺，主次空间不突出，植物搭配单调。

精改策略分析：

调整园路交接方式，加强主次空间对比与深化空间。

翠湖公园学生作品与教师精改

原作品

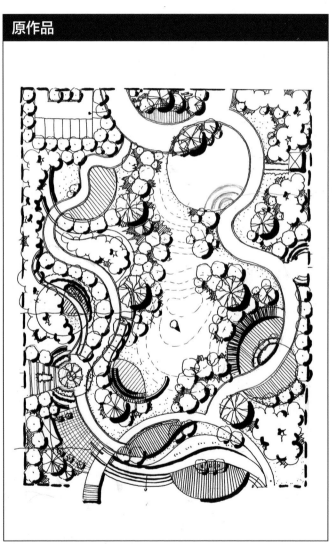

精改后

精改细节展示

节点空间细化

园路交接处理

植物配置细节

存在问题分析：
空间对比不明显，道路交接不流畅。

精改策略分析：
加强空间对比，道路重新进行交接。

翠湖公园学生作品与教师精改

原作品

精改后

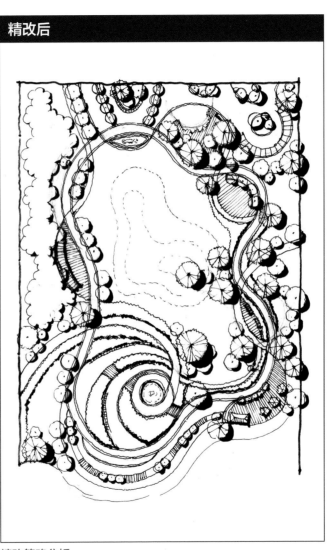

精改细节展示

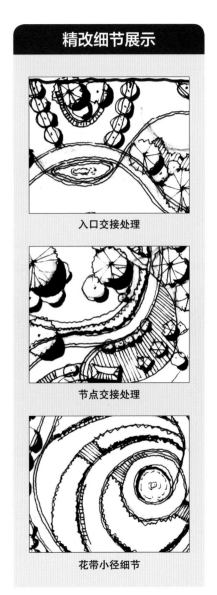

入口交接处理

节点交接处理

花带小径细节

存在问题分析：
园路交接不流畅，滨水节点单一。

精改策略分析：
调整园路交接方式，形成空间对比，丰富滨水节点。

湿地公园学生作品与教师精改

原作品

总平面图 1:1000

存在问题分析：
节点放置琐碎，湿地性质体现感不强。

精改后

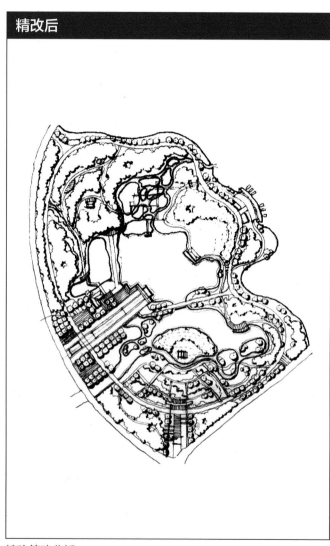

精改策略分析：
构造整体轴线，运用生态湿地的多种水处理方式。

精改细节展示

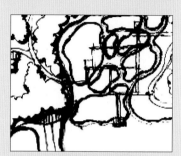

湿地水泡的表现

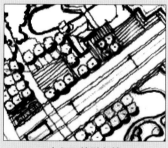

主入口的引向性

湿地节点细化

滨水公园学生作品与教师精改

原作品

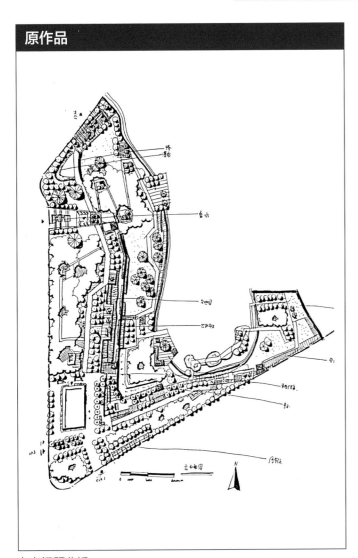

存在问题分析：
路网结构存在问题，空间感较弱。

精改后

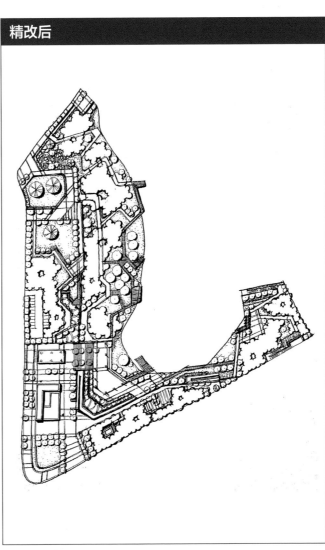

精改策略分析：
重新梳理路网与空间结构，并对节点进行深化。

精改细节展示

高差的处理手法

主入口的轴线景观

局部节点细化

"我们要设计的不是场所，不是空间，也不是某个东西，而是一种体验。"

——约翰·O·西蒙兹

第六章

7 个高频考点与排雷技巧

高频考点专项训练，考场扫雷无忧无惧

一、考点认知

1. 高差概念

高差指垂直于水平向上的地形有高程（度）变化。

快题中考点分类：

① 基地带有高差，需考生根据设计方案处理内部高差解决问题；

② 基地平坦，考生根据方案设计地形营造丰富景观。

二、真题展示

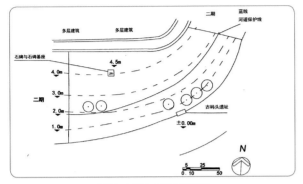

同济大学2015年考题
等高线、水位线组合考查

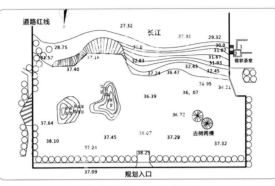

东南大学2014年考题
不同形态地形组合考查

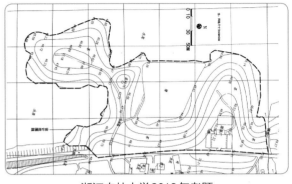

浙江农林大学2018年考题
地形结合生态问题

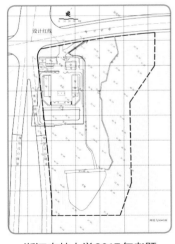

浙江农林大学2017年考题
场地原等高线密集

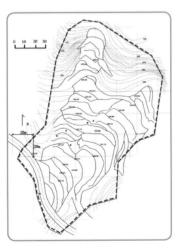

南京林业大学2019年考题
原地形复杂多变

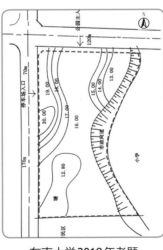

东南大学2018年考题
不同地形组合考查

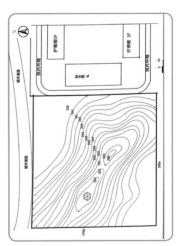

天津大学2019年考题
场地内出现山坡

北京林业大学2018年考题
破碎地形利用与重组

苏州大学2018年真题

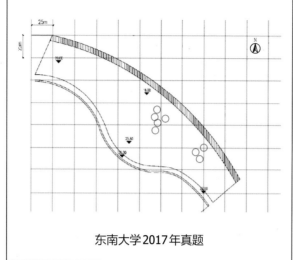

东南大学2017年真题

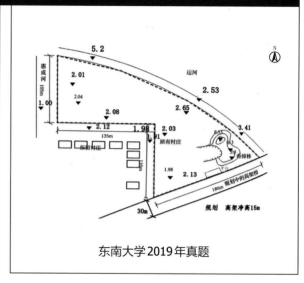

东南大学2019年真题

小贴士

（1）根据场地内部已有设施，判断高差处理。

（2）本题设计红线内有一地下5m的地铁出入口，因此需要考虑地铁出入口附近上部地块5m的高差处理。

小贴士

（1）只提供部分标高。需根据标高数据判断地形的陡缓，自己梳理等高线。

（2）切不可忽视等高线梳理，会影响道路、设施的放置，影响全局。

小贴士

（1）场地内外都有标高时，需注意场地内外高差大小。

（2）不同高差将会影响入口设置，高差较大时需处理高差，保障交通通行。

小贴士

高差狡诈，变化多端；临危不乱，冷静思考；火眼金睛，看清本质。

三、地形处理

纵观园林发展史，经典园林大多是将其个性建立在与基地环境紧密结合的基础上，其中对地形的利用和改造往往奠定了全园的整体格局和风貌。

在考试中，部分基地一马平川，为了营造丰富的空间体验，需自行设计地形。

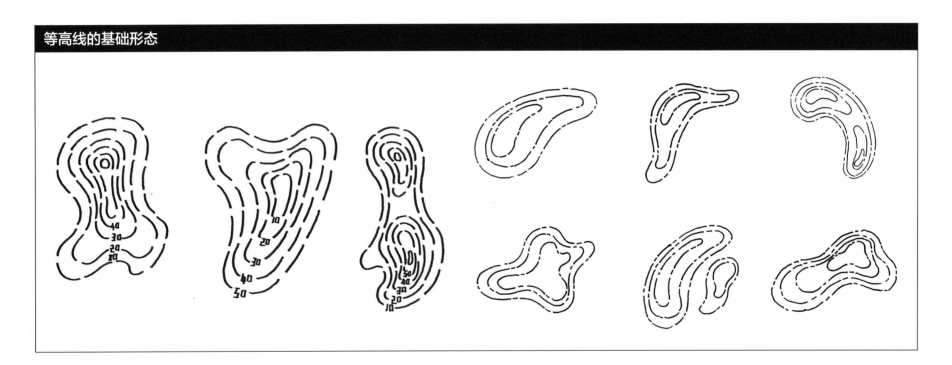

等高线的基础形态

小贴士

在地形设计时应综合考虑以下几点：

① 基地外部环境对地形的限制；

② 原有地形地貌的特点；

③ 地形的工程稳定性；

④ 使用功能的需求；

⑤ 视觉空间的划分与组织；

⑥ 经济技术的生态合理性。

地形设计方式及其表现

（1）规则式

运用几何形式、参数化设计，创造人工意味强烈的具有大地艺术感的地形。

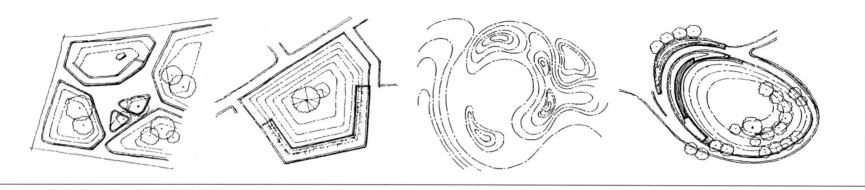

（2）自然式

顺应场地原有地形，模拟自然山体和水体的曲折起伏变化的形态。

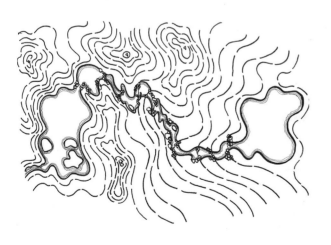

（1）道路

① 绘制等高线不应穿过硬质道路。

② 穿过道路的等高线间隔较均匀。

③ 等高线与道路交接，两侧节点保持水平。

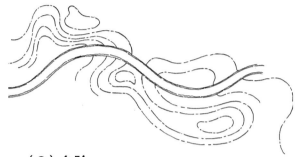

（2）台阶

不应有等高线穿过，平台节点保持水平。

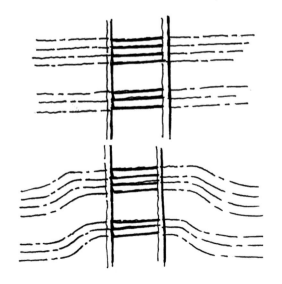

（3）水边

① 不应有等高线接到驳岸上，因为水面是平的而无起伏。

② 水面有高差的地方一定有跌水。

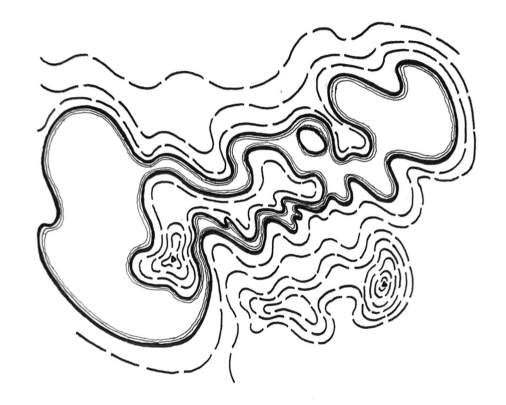

（4）建筑

① 无特别要求时，建筑周边应从建筑边向道路边放坡，需明确建筑首层标高。

② 建筑周边要求堆坡时，需考虑建筑边排水。

四、真题演练

试题题目：山地公园设计

1. 概况

该地区位于北方某郊区的封闭式疗养院的山坡。北侧是城市道路，东侧为疗养院建筑，疗养院建筑为中式风格。从疗养院综合楼内部环路进入。场地为坡地。有一定的高差，山峦西侧的坡顶有一个清代的六角古石亭。基地上植被丰富。

2. 设计要求

① 设计为该疗养院服务的健身休闲后花园，并且要求中式风格。

② 场地坡度较陡，需要考虑雨洪管理。

③ 设置无障碍环路。

④ 标明场地高程及平台上下台阶的高差等。

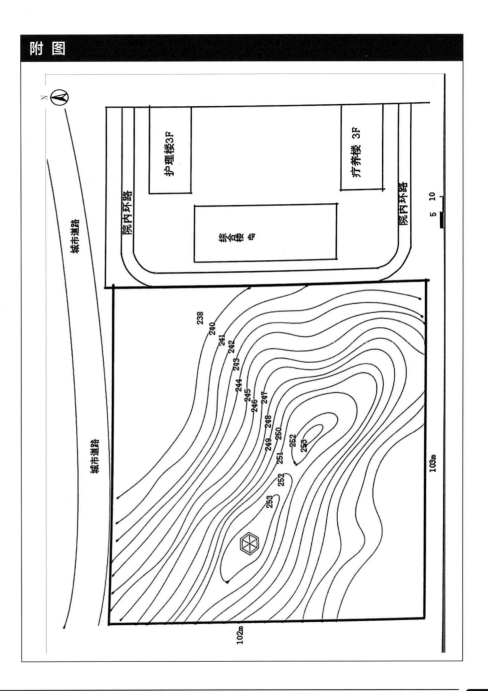

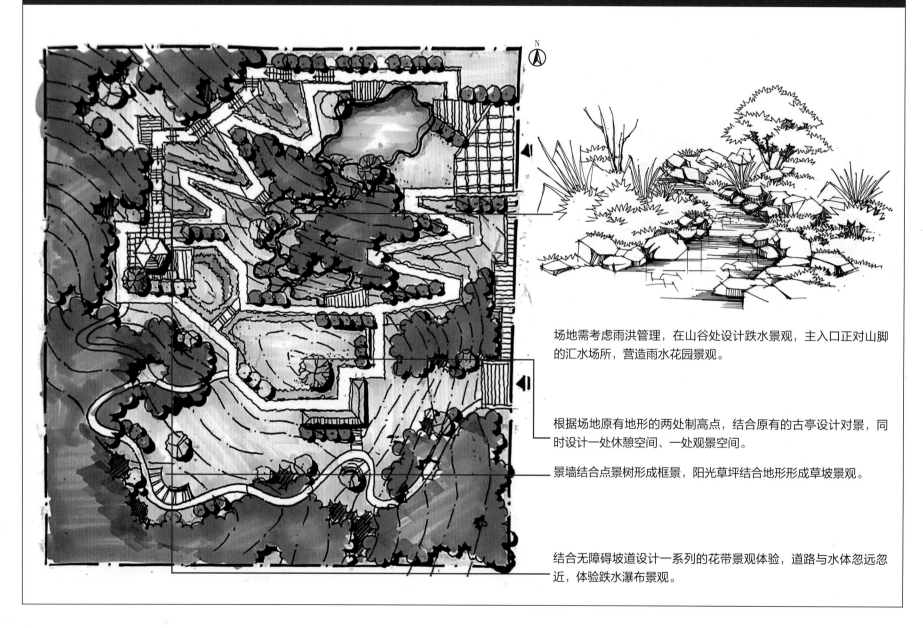

场地需考虑雨洪管理，在山谷处设计跌水景观，主入口正对山脚的汇水场所，营造雨水花园景观。

根据场地原有地形的两处制高点，结合原有的古亭设计对景，同时设计一处休憩空间、一处观景空间。

景墙结合点景树形成框景，阳光草坪结合地形形成草坡景观。

结合无障碍坡道设计一系列的花带景观体验，道路与水体忽远忽近，体验跌水瀑布景观。

一、考点认知

坡道概念：由于使用或其他原因，无法建造台阶时，可以采用坡道来应对高度的变化。公共绿地和公共建筑通常都需要无障碍通道，坡道是必不可少的因素。增加坡道是使行人在地面上进行高度转化的重要方法。

二、真题展示

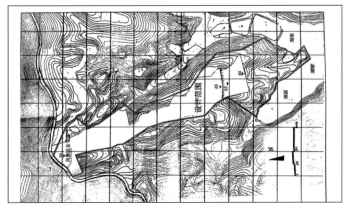

南京林业大学2018年考题

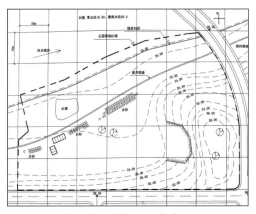

华中农业大学2017年考题

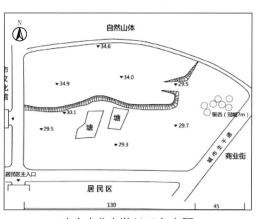

南京农业大学2017年考题

南京农业大学2018年考题

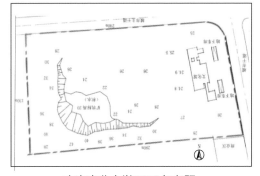

南京农业大学2019年考题

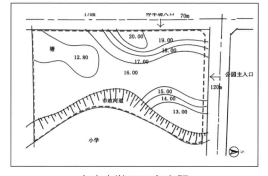

东南大学2018年考题

三、处理手法

轮椅坡道

（1）轮椅坡道坡面应平整、防滑、无反光，不宜设防滑条或礓磋，坡面材料可选用细石混凝土面层、环氧防滑涂料面层等。

（2）轮椅坡道宜设计成直线形、直角形或者折返形。坡道净宽应≥1.00m，无障碍出入口的轮椅坡道宽度应大于等于1.2m。

（3）轮椅坡道高度≥300mm，且坡度>1：20时，两侧应设置扶手，扶手应连贯；起点、终点和中间休息平台的水平长度≥1.5m。

（4）轮椅坡道临空侧应设置高度≥50mm的安全挡台或设置与地面空隙不大于100mm的斜向栏杆。

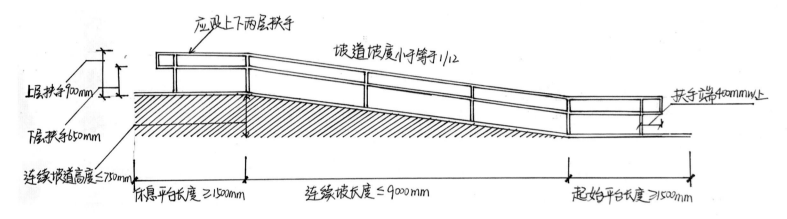

坡道景观方案组合

组合一：坡道（无障碍）。

组合二：坡道（无障碍）+组合台阶。

组合三：坡道（无障碍）+组合台阶+挡土墙（配树池）。

小贴士

（1）无障碍坡道两旁一定要有一定的防护措施。

（2）无障碍坡道设计要满足尺度和行为规律，注意一定连续长度的坡道后要添加休息平台。

（3）根据场地的特定环境合理设置无障碍通道（坡度在1/12以下）。

（4）在处理高差的时候，并不是所有的场地都需要设置无障碍坡道，请同学们斟酌使用场地。

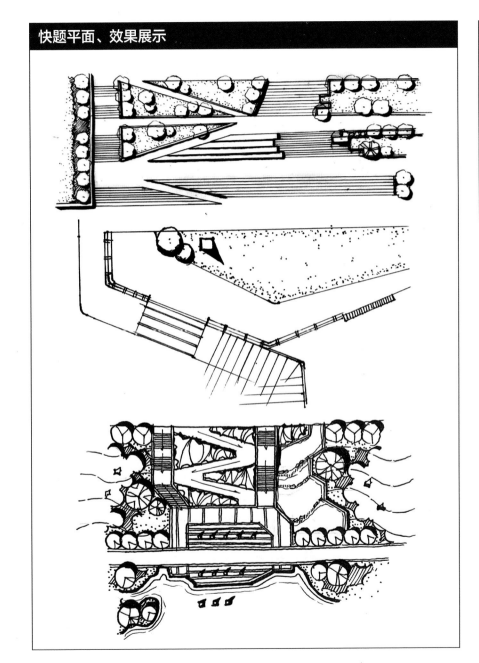

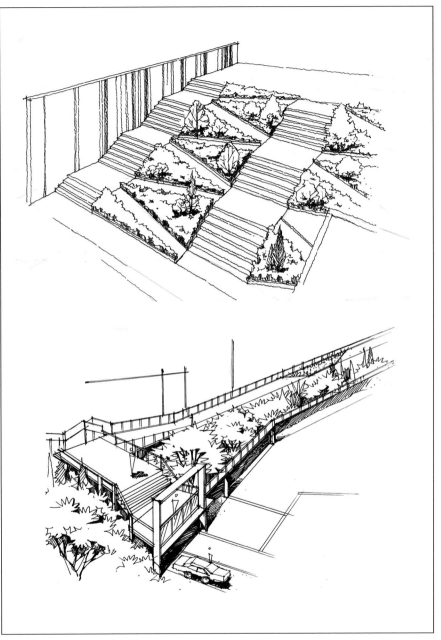

第六章　7 个高频考点与排雷技巧

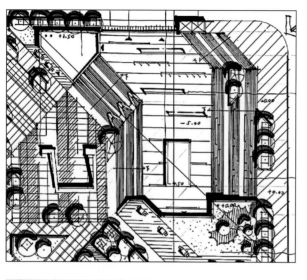

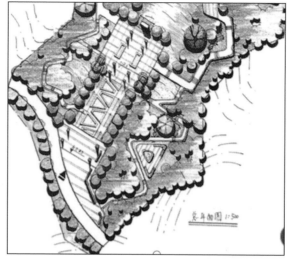

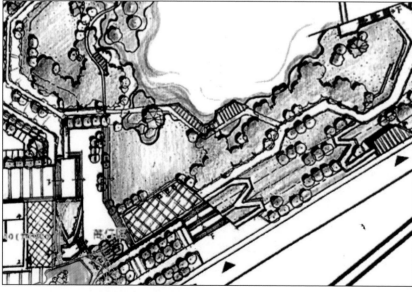

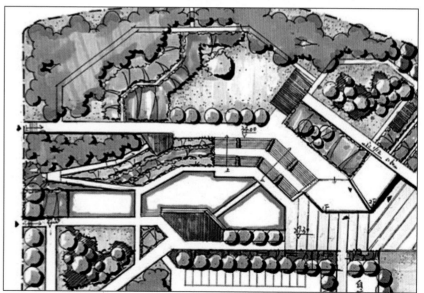

一、考点认知

1. 陡坎概念

　　陡坎指地面（河床面）在高程上突降，类似于瀑布状的地貌形态。

2. 表示符号

　　符号上沿实线表示陡坎的上棱线，短线表示陡坎坡面。当陡坎在图上投影大于2mm时，可测绘范围线，上缘以陡坎符号表示。

二、真题展示

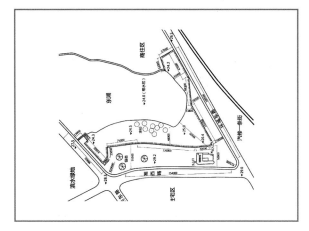

华中农业大学2011年考题
陡坎、保留树、滨水景观组合考察

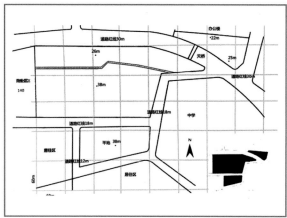

北京林业大学2015年考题
陡坎、多地块联系考察

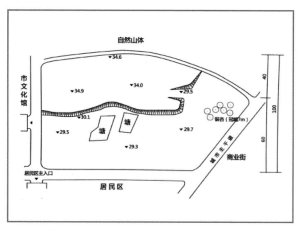

南京农业大学2017年考题
陡坎、现状水体处理

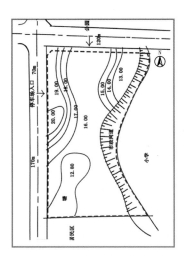

东南大学2018年考题
陡坎、原有地形

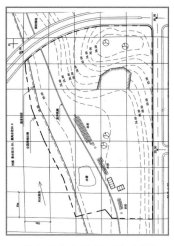

华中农业大学2017年考题
现有地形复杂

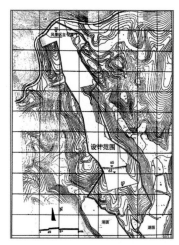

南京林业大学2018年考题
陡坎与狭长地块处理

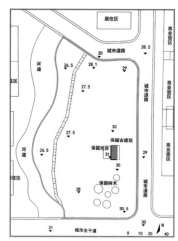

南京农业大学2018年考题
陡坎、保留物处理

南京农业大学2019年考题
陡坎处理

三、处理手法

1. 陡坎的通行式处理手法

① 台阶。

② 无障碍坡道（坡度≤1/12）。

③ 栈道（悬挑平台）。

小贴士

台阶景观方案组合

组合一：组合台阶＋挡土墙（配树池）。

组合二：组合台阶＋挡土墙（配树池）＋坡道（无障碍）。

组合三：组合台阶＋挡土墙（配树池）＋花带。

组合四：组合台阶＋挡土墙（配树池）＋花带＋跌水（小瀑布）。

组合五：组合台阶＋挡土墙（配树池）＋花带＋攀援墙。

组合六：组合台阶＋挡土墙（配树池）＋花带＋高架栈道。

组合七：组合台阶＋挡土墙（配树池）＋花带＋放坡＋植物组团。

组合八：组合台阶＋挡土墙（配树池）＋花带＋放坡＋植物组团＋覆土建筑。

处理方法示例

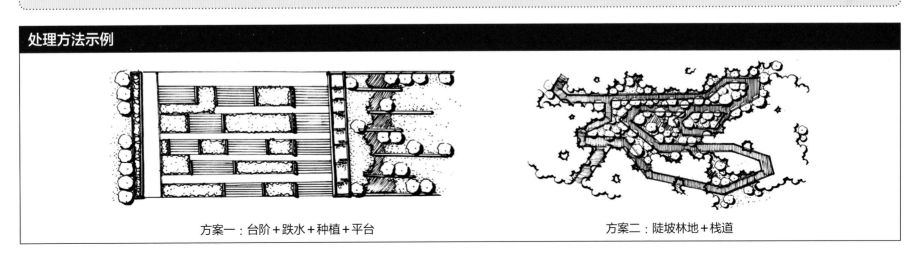

方案一：台阶＋跌水＋种植＋平台

方案二：陡坡林地＋栈道

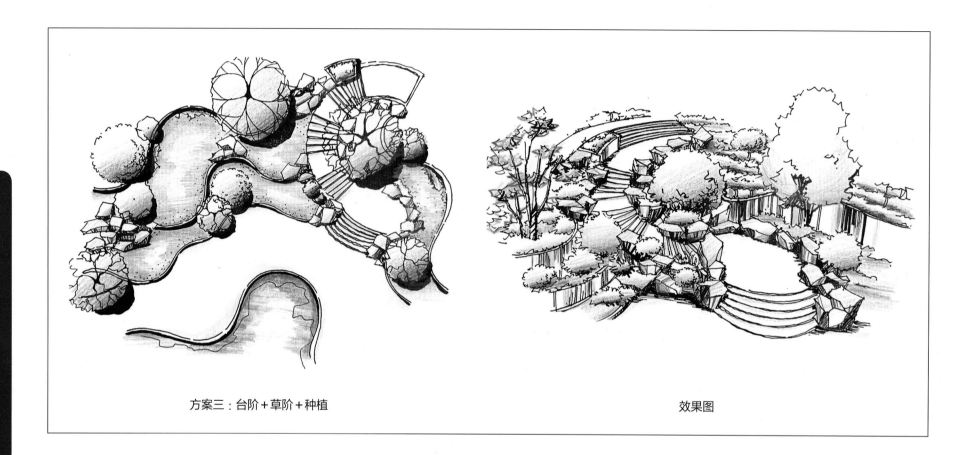

方案三：台阶＋草阶＋种植　　　　　　　　　　　　效果图

小贴士

① 设计台阶如高差较大时，出于安全考虑，应在台阶旁设置挡土墙或栏杆。

② 台阶设计要满足人体尺度和行为规律，用台阶来处理高差应注意尺度、跨距。

③ 根据场地的特定环境合理设置无障碍通道（坡度在1/12以下）。

④ 合理梳理交通的手法：坡梯结合（考虑多人群、功能使用）。

⑤ 处理陡坎时，无论选择的设计要素是跌落式的花池、叠水、台阶还是建筑，要素的种类应该与场地特征有关联而非堆砌，更重要的是要与地形契合。

2. 陡坎的景观式处理手法

① 植物：垂直绿化、层叠景观（花带、花田、草阶）等。

② 石景：文化浮雕、景观石墙等。

③ 水景：跌水、瀑布、旱溪等。

④ 台层景观。

⑤ 放坡（缓坡草地）。

3. 陡坎的活动式处理手法

攀岩、滑梯、滑草坡。

攀岩：下部场地建议设置一定硬质，保障人流活动与集散；根据高度的不同可分为不同年龄段的攀岩。

滑梯、滑草坡：小陡坎适宜做滑梯，大陡坎适宜做成滑草坡。

四、真题演练

试题题目：滨水公园景观方案设计

1. 概况

某旅游城市滨水区域，结合旧城改造工程拆出了一块约4.2hm^{2}的地块（附图），拟规划建设成公共开敞空间，以重新焕发和提升滨水区活力，满足城市居民的游憩，实景及文化休闲等需求。

2. 设计要求

（1）场地是由胜利东路、湘西路、环城东路三条道路以及东湖围合的区域，总面积约4.2hm^2（不含人行道）。

（2）场地内西南角为保留的历史建筑（主楼4层，附楼2层），属文物保护单位，现用作城市博物馆，建筑呈院落围合，墙面为清水砖墙，屋顶为深灰色坡顶。设计时既要满足建筑保护的要求，又应纳入作为该开放空间的重要人文景观。

（3）场地西北角有几棵古银杏。临东湖边有一片水杉林，设计时应予以保留并加以利用。

（4）该开放空间应兼具广场与公园的功能，为保证中心区的绿化率，设计时要求绿化用地不少于60%。

（5）场地内高差较大，应科学处理场地内外的高程关系，出于造景和交通组织的需求，允许对场地内地形进行必要的改造，合理组织场地内外的交通关系，并考虑无障碍设计。

（6）考虑到场地周边公共建筑及卫生服务设施的缺乏，场地内须布置120平方米厕所一座，其他建筑、构筑物或小品可自行安排。

（7）考虑静态交通需求，整个场地的停车结合博物馆的停车需求一起布置，总共规划12个小汽车泊位。

3. 内容要求

平面图一张，分析图若干，滨水剖面图一张，效果图或者局部鸟瞰图一张（比例均自定）。

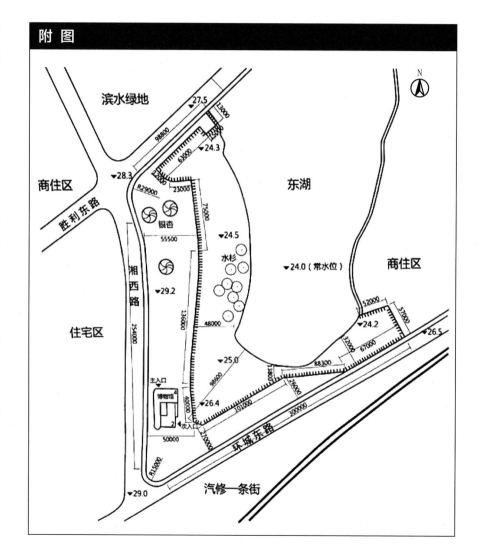

附 图

滨水绿地

住区

胜利东路

住宅区

东湖

商住区

环城东路

汽修一条街

N

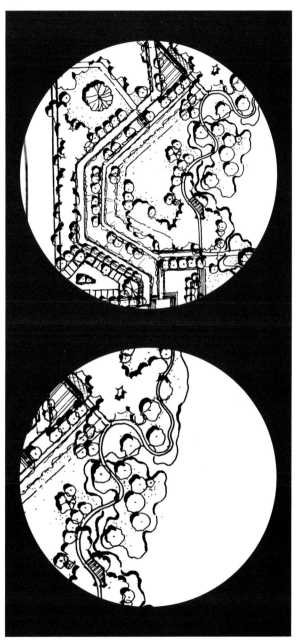

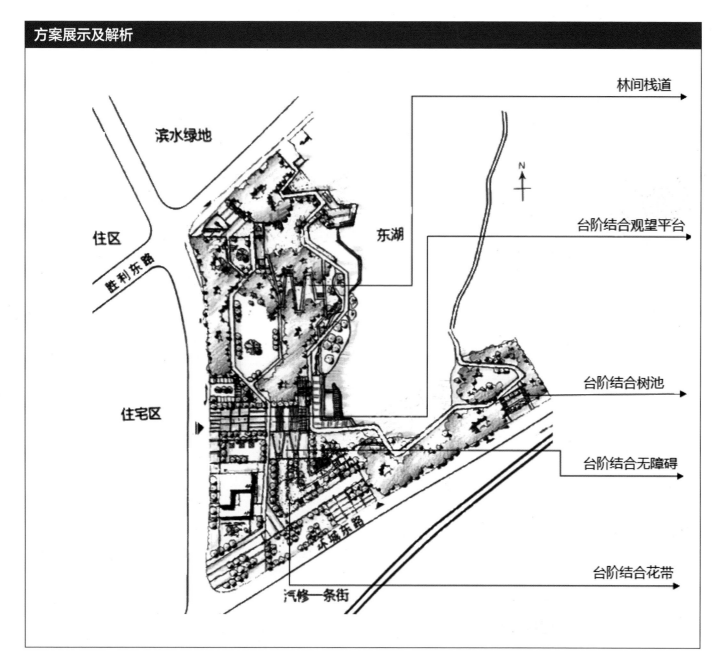

滨水绿地

住区

胜利东路

东湖

住宅区

汽修一条街

N

林间栈道

台阶结合观望平台

台阶结合树池

台阶结合无障碍

台阶结合花带

一、考点认知——轴线特点

（1）在园林景观设计中，轴线是平面形式构图的主要控制线，它的建立能直接影响到整体的形态和其他各部分的组织关系，形成均衡稳定的产物。

（2）轴线通过对各种设计要素进行合理的线性组织，能够形成具有明确导向性和秩序性的景观空间，带给人不一样的心理体验。

——（摘自《园林设计中的轴线研究》程雪梅）

二、处理手法

① 空间轴线

轴线是生成秩序的最为简便的方法，不同的元素、空间整合在一起需要有一个统摄全局的线索与轴线。在不同的景观要素之间要找到某些特殊的关联，使原本属于不同个体或空间的部分在空间上联系在一起。空间轴线可分为两类，即对称轴线与不对称轴线。

对称轴线：在平面中央设一条中轴线。各种景观环境要素以中轴线为准，分中排列。

不对称轴线：更多的要考虑空间的非对称性，各个景观空间沿着景观轴线成大体均衡的布置。

② 视觉轴线

相对于空间轴线的有形，视觉轴线则是无形的。视觉轴线类似于传统园林中的对景，强调不同景观单元之间的对位关系，包含轴线、空间与隐含于场所中的肌理关系。轴线作为控制空间的主干，相邻的景观单元顺着轴线而具有一定的延展性，两个或更多的轴线

集中在一个共同的焦点上。形成交叉轴线或辐射式布局。两条交叉的轴线常常一条是"主轴"，一条是"副轴"；有时几条辐射状的轴线，主次并不十分明确，在若干轴线的交叉点上的景观可通过轴线的向心性得以强调。

③ 逻辑轴线

逻辑轴线即景观空间的组织具有逻辑性和明显的顺承关系。是统摄外部空间的线索：形式上虽然没有明确的轴线和对位关系，但空间之间却有着隐性的关联性，从而营造出了景观体验的连续性。逻辑轴线往往用于陈述性空间，例如时间、人物、自然规律等。

——引自《现代景观设计理论与方法》成玉宁

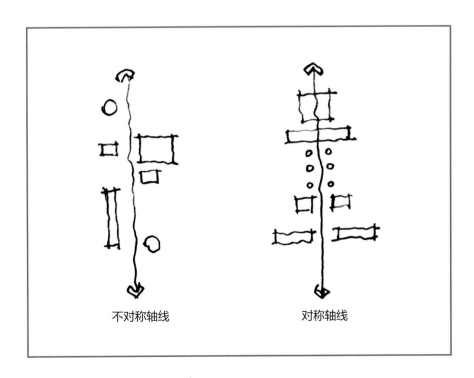

不对称轴线　　　　对称轴线

三、真题展示

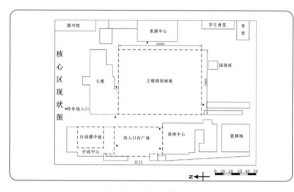

北京林业大学2005年考题
轴线控制三个分散场地

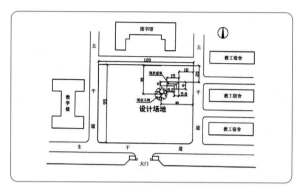

南京农业大学2008年考题
轴线与入口结合

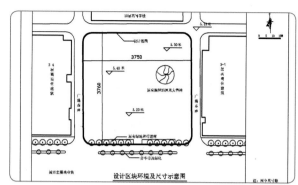

浙江农林大学2009年考题

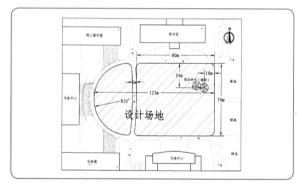

南京农业大学2010年考题
轴线与广场结合考虑

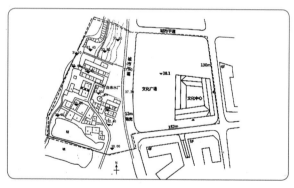

东南大学2016年考题
轴线控制不同性质绿地

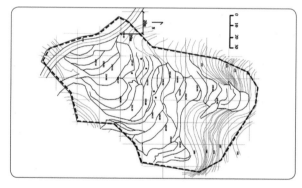

南京林业大学2019年考题
轴线与叙事性景观

小贴士

不要急着往后翻，可以先自己想想如何处理。

四、真题演练

试题题目：烈士纪念园设计

1. 概况

我国华东某县一旅游景区，拟建设一个抗日烈士纪念园，形成该区块的标志性景点，提升整个景区的景观环境质量，建设拟选址于景区一处山坡地，基地南侧有道路连接景区入口和其他景点，场地高差如地形图（见附图）所示，用地面积约17000m²。

2. 设计要求

（1）充分结合现有地形条件，利用纪念碑、纪念景墙、纪念广场、景观小品等设计元素，形成纪念性空间序列。

（2）妥善处理好地形高差，合理安排台阶、台地和广场，从地形分析和视线分析的角度合理确定设计纪念碑的位置、高度和体量，突出纪念碑的景点作用。

（3）集合空间围合和空间序列组织，形成优美有序的绿化种植景观，树种选择应适应空间氛围。

3. 内容要求

（1）总平面图：要求明确表达各景观构筑物的平面形态、铺装、绿化等，应表明各设计元素的名称、各场地和关键点的竖向标高，表达清楚高差处理（标明台阶级数）等。比例1:500。

（2）场地整体剖面图：要求能清晰表达地形和空间序列的竖向处理，明确景观构筑物的尺寸和体量关系，并表达景观视线处理的设计意图，比例（1:300）~（1:500）。

（3）总体鸟瞰图：要求不小于A4画幅。

（4）纪念碑设计图：平、立、剖面，要求表达纪念碑设计的形态、结构处理和材料处理，比例（1:150）~（1:200）。

（5）设计说明分析图：表达设计构思及意图，比例自定。

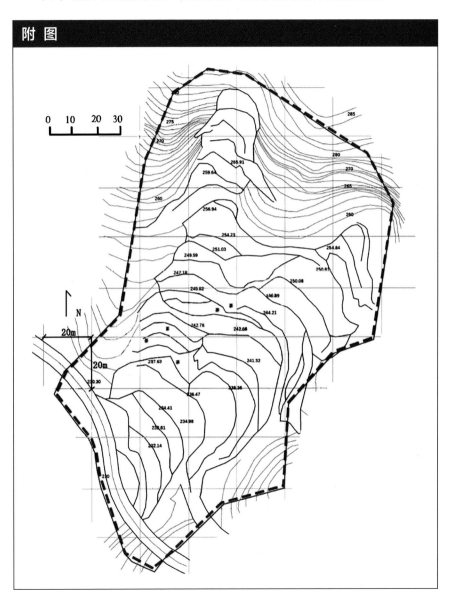

附 图

场地最高处的冥想空间内用耐候钢标牌记录了与抗日战争有关的事件节点，叙述历史进程。

纪念碑为清水混凝土浇筑，其后纪念墙体材质为混凝土贴耐候钢面，其上雕刻烈士姓名，两者象征抗日战士的淳朴与坚韧。

山林空间一改纪念长阶处的肃穆气氛，结合登山道打造能够纾解心情的安静游憩空间。

耐候钢纪念墙结合上升台阶，其后进入长阶，先收缩后延伸以突出到达长阶空间时的肃穆气氛。

保留茶田，形成广阔的梯田景观。

方案展示及解析

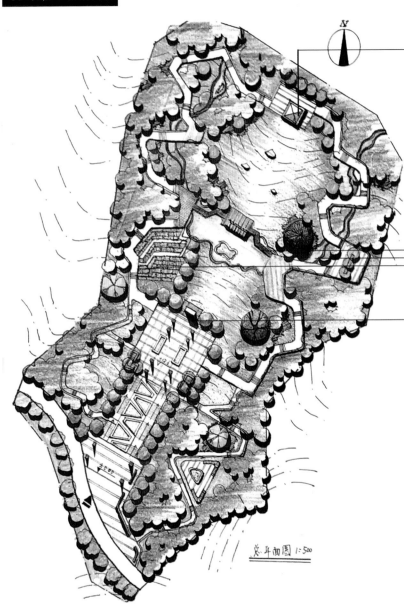

总平面图 1:500

山顶的观景亭，位于整个纪念序列的终点，既是重要的观景点，也是整个序列的结尾，更是整个轴线的结束。

登山步道顺应山体起伏变化，消除高差，使游人登山更舒服；登山步道的曲折变化，也形成了步移景异的效果。

水面的形成充分利用地形，于山谷的汇水线部分汇集雨水以及山泉水，形成自然湖泊。

原有保留茶田，充分利用原有的保留，既是对原有场地的尊重，保留场地记忆，同时保留茶田，也增强场地的景观性。

纪念碑体现了整个场地的精神所在，也是整个场地的终点。同时体现了整个纪念序列的高潮和核心；高耸的纪念碑渲染纪念性氛围的同时也抓住游人视线。

考点：滨水景观与消落带处理	考点频率：★★★★★	难度系数：★★★★

一、考点认知

1. 滨水空间

　　滨水空间是城市中临河流、湖沼、海岸等水体的空间，多成带状分布，能产生生态效应并具有美化功能。

　　滨水空间景观设计的目标：一方面要通过内部的组织，达到空间的通透性，保证与水域联系良好的视觉走廊；另一方面，滨水区为展示城市群体景观提供了广阔的水域视野，这也是一般健身休憩最佳地段。

　　考点分类：①滨海绿地；②滨湖绿地；③滨江绿地；④滨河绿地。

2. 实景分析

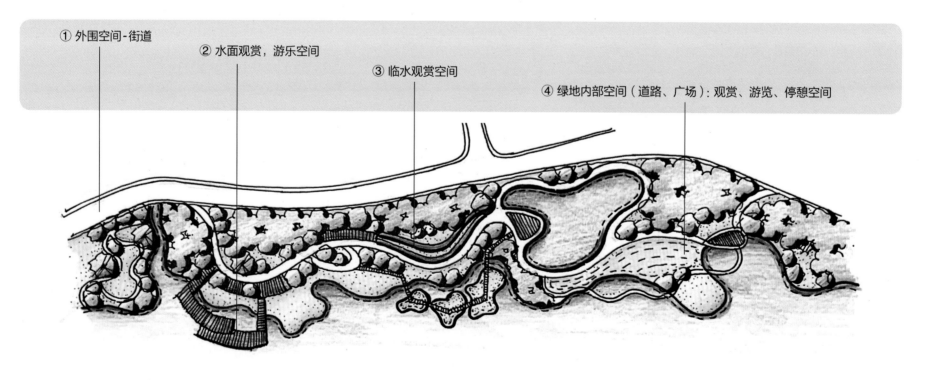

① 外围空间-街道

② 水面观赏，游乐空间

③ 临水观赏空间

④ 绿地内部空间（道路、广场）：观赏、游览、停憩空间

二、真题展示

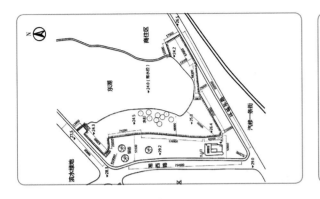

华中农业大学2011年考题
等高线、水位线结合

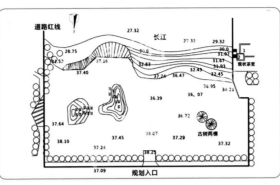

东南大学2014年考题
不同形态地形组合考查

南京农业大学2015年考题
地形结合生态问题

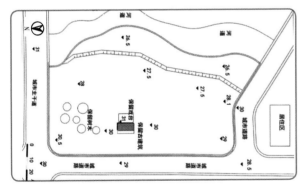

南京农业大学2018年考题
滨水景观、保留物处理

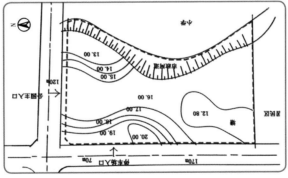

东南大学2018年考题
场地内水体处理

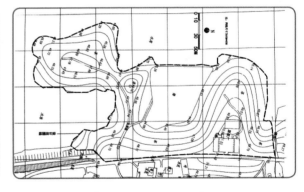

浙江农林大学2018年考题
滨水消落带处理

小贴士

以上除了高差处理以外就是滨水的处理了，具体处理方式可参考后面的内容！

三、处理手法

滨水空间的处理手法

滨水空间的处理手法可分为：道路设计、驳岸设计、生态设计。

道路设计：

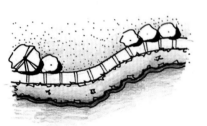

（1）平行曲线路径：曲率平缓，与河岸线关系很协调。

（2）贴近水面的出挑路径：可以是码头可以是垂钓空间。

（3）路径局部放大：作为较长滨水路径的打断。

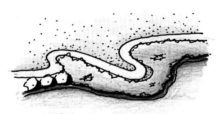

（4）波动折线路径：具有强弱对比的力度感。

（5）打断路径：可切割出一系列的次级空间，结合高差处理设计，效果更佳。

（6）网状高差路径：关键是高差跌落而不是网状。

小贴士

道路形式的变化与空间的变化紧密结合。

驳岸设计：

（1）让自然做功：自然驳岸应成为滨水区域的主要空间类型。

（2）多层次立体平台：使滨水空间酷炫的必备把戏，也可以是立体路径。

（3）碎石护岸处理：碎石间缝隙利于动植物和微生物的生长。

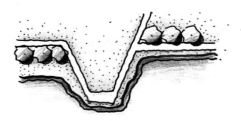

（4）内凹空间：使水体主动与岸边对话的空间。

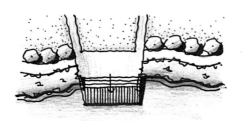

（5）水边台阶广场：滨水高频空间，用了肯定不会错。

（6）伸出水面的平台：使陆地主动与水体对话的空间。

（7）伸出的临水平台：除了基本景观，可以注入更多的主题活动。

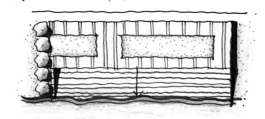

（8）线状台阶广场：空间狭窄时的常用对策。

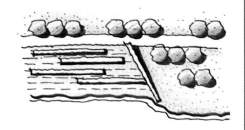

（9）阶梯状绿化：软化的台阶广场，不错的折中手法。

生态设计：

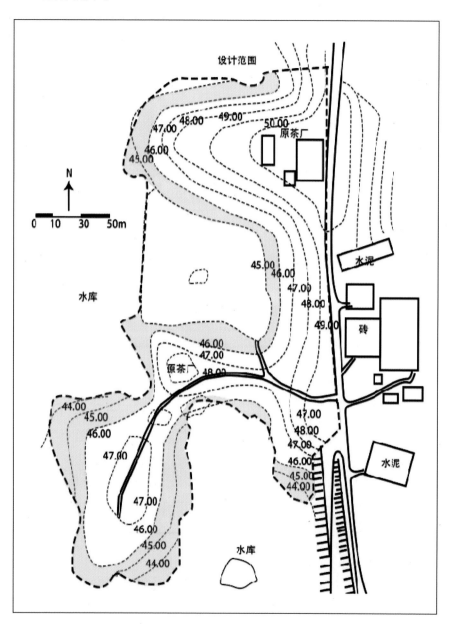

生态设计——消落带

（1）消落带的处理原则

结合地形在不同的高程区间提供不同的空间体验，消落带区域不设置一级园路、大型活动场地等，植物种植设计以水生、湿生植物种植为主，长期被淹区域不可种植高大乔木，注重其生态型，不做过多人为干预。

（2）消落带的处理方法

① 采用最简单的硬质驳岸的形式对长堤一带进行处理（本题空间有限，其他方法难以处理）。

② 结合地形，进行退台式的设计，在不同的水位产生不同的景观效果。

③ 结合地形，做自然式驳岸处理，选取耐水湿的植被。

④ 在水位线以下，从水中向岸边依次大面积种植：水生——湿生——喜湿耐湿植物，以填补水位下降之后裸露的湖底。

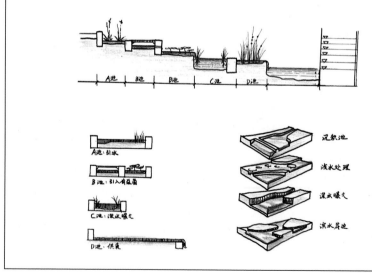

四、真题演练

试题题目：生态湿地公园设计

1. 概况

　　某城市滨水区域欲退耕还湖，建设生态湿地公园。水域常水位为12.50m，枯水位为11.00m，丰水位为13.00m。本次设计范围为生态湿地公园的其中一个景区，主题自定。基地总面积约为5×10⁴m²，北面和东面均为沿大湖面的塘堤，南面和西面为生态湿地公园的规划电瓶车道，宽度为5m，设计标高为15.00m。基地内有三个水塘、二栋废弃的民居、若干片生长良好的柳林和农田。

2. 设计要求

　　（1）本设计要求具有明确清晰的景区主题。

　　（2）公园以生态休闲功能为主，必须考虑雨水的净化与利用。

　　（3）要求充分考虑场地的水位变化，提出合理的设计对策。

　　（4）要求方案内必须设计码头、观鸟屋、茶室和厕所建筑。

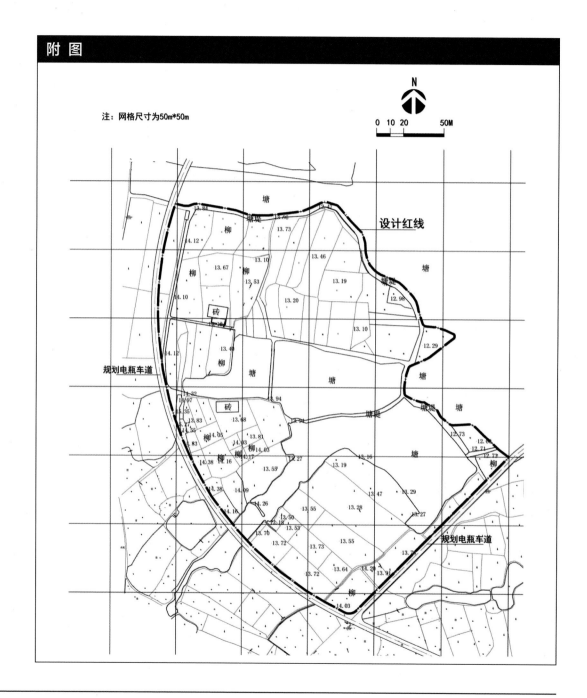

附图

注：网格尺寸为50m*50m

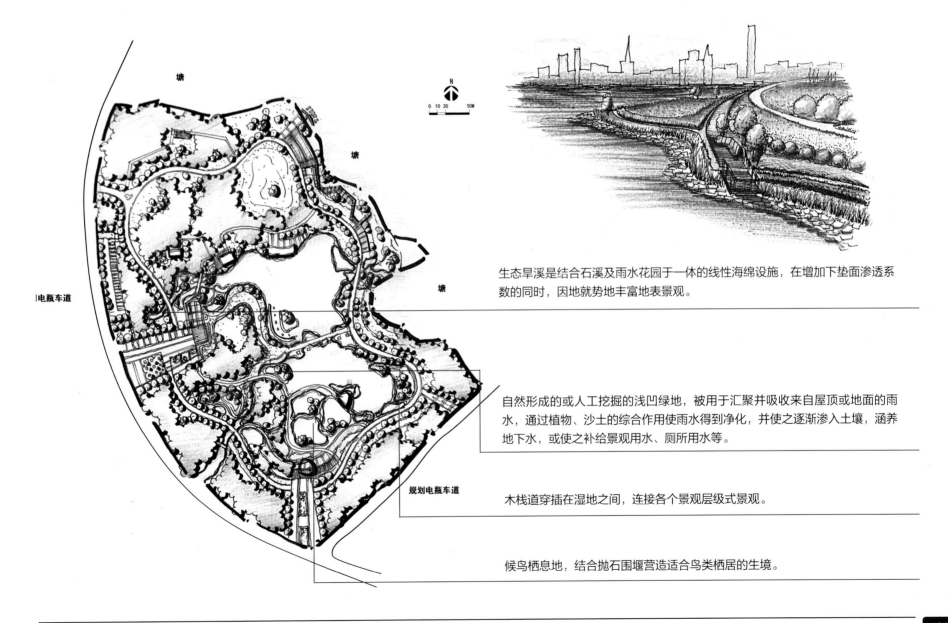

塘

塘

塘

N
0 10 20   50M

|电瓶车道

规划电瓶车道

生态旱溪是结合石溪及雨水花园于一体的线性海绵设施，在增加下垫面渗透系数的同时，因地就势地丰富地表景观。

自然形成的或人工挖掘的浅凹绿地，被用于汇聚并吸收来自屋顶或地面的雨水，通过植物、沙土的综合作用使雨水得到净化，并使之逐渐渗入土壤，涵养地下水，或使之补给景观用水、厕所用水等。

木栈道穿插在湿地之间，连接各个景观层级式景观。

候鸟栖息地，结合抛石围堰营造适合鸟类栖居的生境。

"每个城市都有一些使人感觉得到的、显示出智慧和艺术的地方，像沙漠中的绿洲一样，使人牵挂、向往和富有创造力。"

——麦克哈格

第七章

8 个热点话题与应试思路

对接时代热点，把握时代发展方向

第一节 棕地修复与设计

定义

棕地即废弃地，包含两个含义，一个是被污染的工业用地，一个是城市中那些曾经利用，后被闲置废弃缺乏使用的灰色地带。

相关主题

工业遗产、后工业景观、棕地改造、城市更新、生态修复、棕地再开发、土地污染、棕地治理、废弃地再利用、矿业棕地、军事棕地。

棕地特征

① 已经开发过的土地。
② 部分或全部遭废弃、闲置或无人使用。
③ 可能遭受（工业）污染。
④ 重新开发与再次利用可能存在各种障碍。

分类

国内的棕地分类研究一般基于用地功能，分为以下几种。
① 居住型开发：城市中棕地再开发对周围住宅价值总体起积极作用，但引起地块高档化迫使原住民搬离，老年人和租户容易受影响。
② 商业型开发。
③ 绿地型开发：城市规划者认为棕地有振兴城市景观的潜力，是恢复城市生态的重要方式，具有社会价值和环境价值。
④ 公共设施型开发：此类型开发为公众提供接近和了解棕地的公共空间，如文化主题公园和大地艺术基地等。
⑤ 都市工业型开发：不同于传统的工业用地，都市工业型用地无污染、低能耗、低物耗，主要以新型高科技产业、创意产业为主。

棕地改造相关案例

美国西雅图煤气厂公园。

棕地改造相关真题

2011年同济大学初试试题

试题题目：棕地改造方案设计

一、概况

　　某城市拟对某煤炭生产基地进行改造设计，计划建设的用地情况及方案设计要求如下：基地位于南方某城市靠近近郊区的地方，基地南高北低，面积接近2hm²，原是煤炭生产基地，现在已经荒凉。基地外围东、西、南三面环山，使基地形成一个凹地，北面为城市道路和绿地，基地现状内部北面有一条城市的排水渠，宽18m，基地被中部一高约4m的缓坡一分为二，分为地势平坦的两层场地。公园以生态休闲功能为主，充分考虑场地的记忆价值。

二、设计要求

　　（1）充分利用基地的环境和内部的特征，通过景观规划设计使其成为市民休闲游憩的一个开放空间。

　　（2）基地当中要求规划有茶室咖啡一体的休闲建筑，建筑面积约为120m²，可设一个，也可分散设计。

三、内容要求

　　（1）环境景观设计

　　① 总平面图一张，比例1：300；道路交通分析、功能分析图；典型剖面图两个，比例1：300。

　　② 重要节点的放大平面图或透视图；设计说明不少于100字。

　　（2）建筑小品设计

　　① 平面图一张，比例1：200。

　　② 剖面图一张，比例1：200。

　　③ 典型立面图两张，比例1：200。

附 图

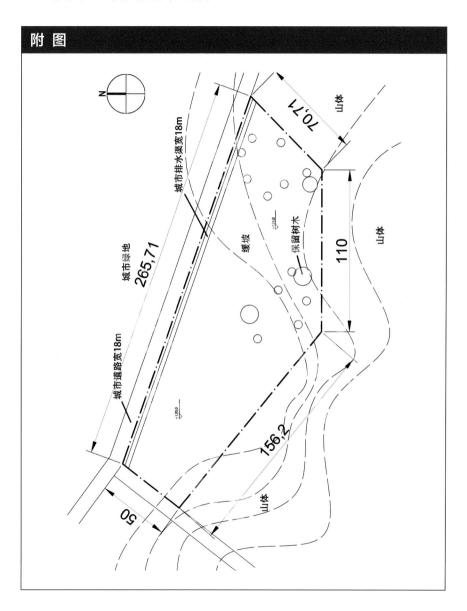

某年某大学初试试题

试题题目:某工业创意园区设计

　　某市拟对一片工业用地进行改造设计,计划建设的用地情况及方案设计要求如下。

一、用地概况

　　南方某市一片工业用地拟通过围墙拆除和厂房改造,成为集艺术品创作、展示及交易为一体的创意园区(园区周边道路状况与机动车入口详见附图)。其中,园区南侧临街部分(东西向217m,南北向40m)被规划为开放的公共景观带。

二、规划设计要求

　　(1)在设计范围内需布置供创意园内人群以及周边居民休闲活动的场所,保证总面积不小于1500m²的硬地作为艺术品的展示地(可集中也可分散布置)。

　　(2)基地内保留两栋小建筑,将其改造为小型餐饮建筑(具体功能类型可由设计人确定,建筑设计不做要求),需充分考虑相应的周边场地设计。

　　(3)基地内的保留树木和工业构筑需结合到景观设计之中。

　　(4)设计范围内部不考虑机动车入口,但必须结合场地布局,提供南侧城市道路与园区内部步行道路的联系。

三、设计内容

　　(1)平面图1:300。

　　(2)剖面图及立面图各1副1:300。

　　(3)节点效果图。

　　(4)200平方米的扩初图。

　　(5)分析图及设计说明。

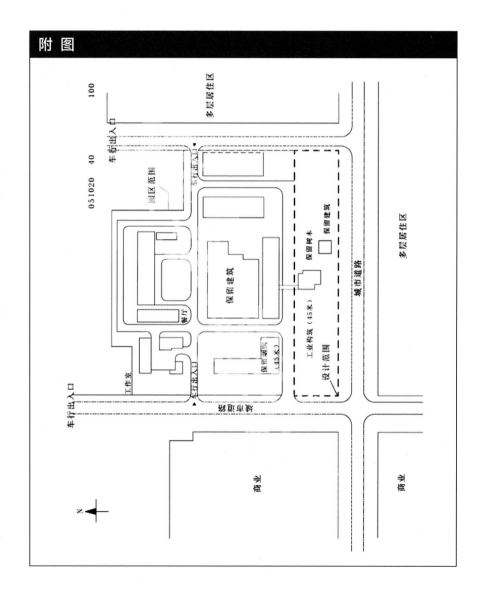

附图

第二节 美丽乡村——乡村景观设计

定义

乡村景观是乡村地区范围内，经济、人文、社会、自然等多种现象的综合表现，是美丽乡村建设的重要对象。

对象

美丽乡村设计的对象即是乡村内部的经济、人文、社会、自然等景观。

乡村景观特征

① 位于乡镇、村内部公共型绿地景观。
② 具备乡村农业特色。
③ 体现乡村内部人文、社会特征。
④ 满足乡村内部村民主要使用需求。

设计策略

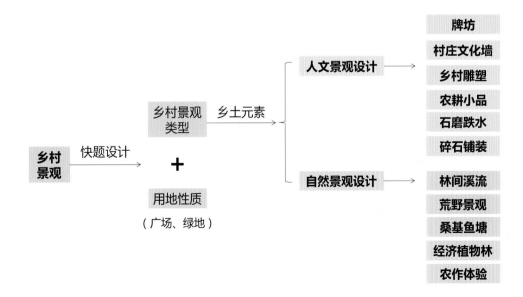

第
七
章

8 个热点话题与应试思路

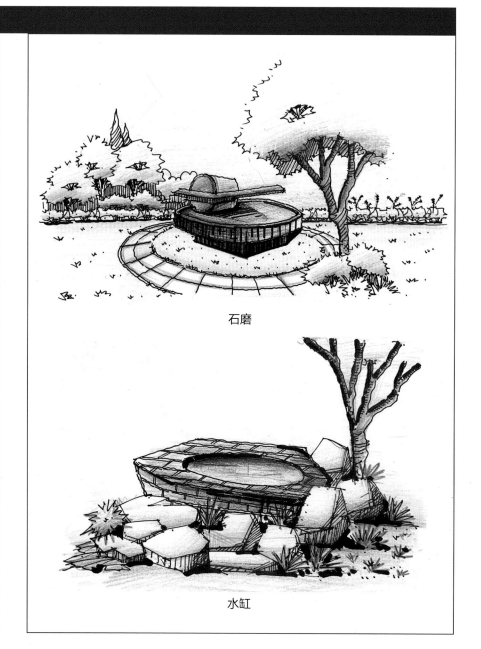

片石矮墙

石磨

古井

水缸

2019年东南大学初试试题

试题题目：古运河滨水景观环境策划及提升

一、用地概况

设计基地位于古运河边某城市的城郊结合部，基地南侧有高架桥通过，高架桥下空间净高15m。基地北侧及东侧为运河，西侧为惠成河。原场地内为村庄及厂区用房，厂房邻近道路一侧，现由于城市更新的需要，拟将无保留价值的厂房、仓库等大型建筑拆除，保留部分村庄用房进行改造（临近用地，但不在用地红线内）。未来滨水空间，结合保留的部分村庄改造，打造为古运河风光带的一个重要节点，面向游客与周边居民开发，构建良好的滨水景观带，在留住"乡愁"的同时，对城市滨水空间进行修复改造。规划设计要求根据保留村庄，策划景观主题，并通过合理布局，对城市、街道、绿化、建筑、停车、活动等空间层次进行分析处理，打造充满活力的古运河滨水景观节点。地块东侧有个小山包，是一片香樟林，香樟林的范围可根据需要调整。地块入口从运河边道路进入。场地内部的村庄拆除与否由考生自定。

二、设计内容

（1）平面图1：300。

（2）剖面图及立面图各1副1：300。

（3）节点效果图。

（4）200平方米的扩初图。

（5）分析图及设计说明。

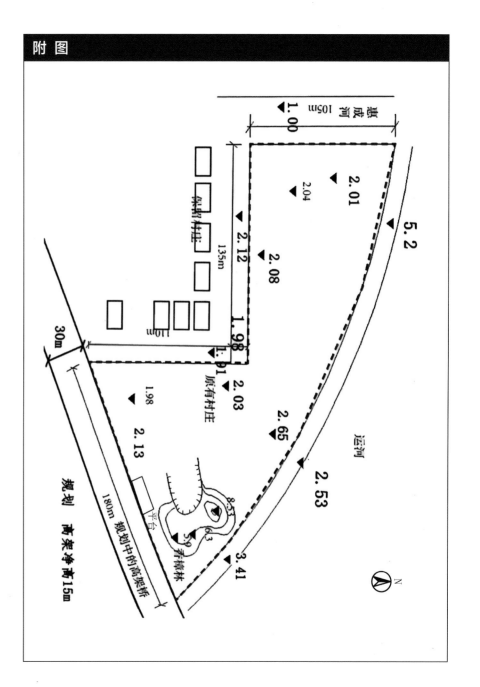

附图

第三节 国家公园——保护地景观设计

定义

① 国家公园是指由国家批准并主导管理，边界清晰，以保护具有国家代表性的大面积自然生态系统为主要目的，实现自然资源科学保护与合理利用的特定陆地或海洋区域。

② 国家公园是我国自然保护地最重要的类型之一，属于全国主体功能区规划中的禁止开发区域，纳入全国生态保护红线区域管控范围，实行最严格的保护。

对象

自然保护区、风景名胜区、森林公园、水利风景区、海洋特别保护区、湿地公园、地质公园。

国家公园特征

① 生态性、动植物资源保育性为主。

② 生态资源敏感区域应避免人为干扰。

③ 景观游憩活动应尊重自然生态。

设计策略

针对不同类型用地，采取不同设计策略。

① 自然保护区：保护生态系统、野生动物、自然遗迹，开展科学活动。

② 风景名胜区：保护自然人文景观，开展科学文化教育活动。

③ 森林公园：保护森林生态系统、动植物资源，开展科普文化教育。

④ 水利风景区：保护水域及关联岸地、岛屿、林草地等。

⑤ 海洋特别保护区：保护海洋地貌、生态系统、珍稀海洋动物。

⑥ 湿地公园：保护湿地系统、湿地生物，进行科普文化教育宣传。

⑦ 地质公园：保护地质遗迹、自然人文景观，开展科普教育。

国家公园功能

（1）提供保护性的自然环境。

（2）保存物种及遗传基因。

（3）提供国民游憩及繁荣地方经济。

（4）促进学术研究及环境教育。

国家公园功能分区

（1）生态保护区

生态保护区指为供研究生态而应严格保护之天然生物社会及其生育环境的地区。

（2）特别景观区

特别景观区指敏感脆弱之特殊自然景观，应该严格限制开发的地区。

（3）史迹保存区

史迹保存区指具有重要史前遗迹、史后文化遗址及有价值的历史古迹的地区。

（4）游憩区

游憩区指可以发展野外娱乐活动，并适合兴建游憩设施，开发游憩资源的地区。

（5）一般管制区

一般管制区指资源景观质量介于保护与利用地区之间的缓冲区，取得准许原有土地利用形态的地区。

建立国家公园意义

设立国家公园，其主要的意义和作用大致可概括为三大方向。

（1）景观资源的保存与保护。

（2）资源环境的考察与研究。

（3）旅游观光业的可持续发展。

2016年华南理工大学初试试题

试题题目：森林公园入口设计

一、场地概况

现南方某森林公园结合当地旅游节进行公园主入口区景观优化设计，拟将公园道路旁东侧用地改造为对市民开放的公共休闲活动场地，并作为该森林公园景区主入口用地，西望湖景，西临公园道路，东面是山麓，设计用地面积13500m²，山体部分建议保留现状，湖面常年水位标高为124.0m，期量高水位126.0m，山脚平整场地标高为130.5m，山脚护坡顶部标高约为132.0～133.0m，等高线的登高距为1m，公园入口区的道路红线宽度15m，其中车行道7m，两侧人行道各4米，车行道完成面标高是130.0m，行道路牙高0.15m。东南边山麓有成片成年荔枝林，景观良好。（基地地形图详见附图，图示放样格为30m×30m。）

二、规划设计要求

（1）在该用地范围内进行景观设计，要求结合该森林公园主入口区休闲活动需求设置相关活动场地，设计应体现场地景观特点与岭南地域特色，同时将山门、广场附属建筑等相关建构筑物结合总平面规划进行设计。

（2）山门设计。

三、设计内容

（1）平面图1：300。

（2）剖面图及立面图各1幅1：300。

（3）节点效果图。

（4）200m²的扩初图。

（5）分析图及设计说明。

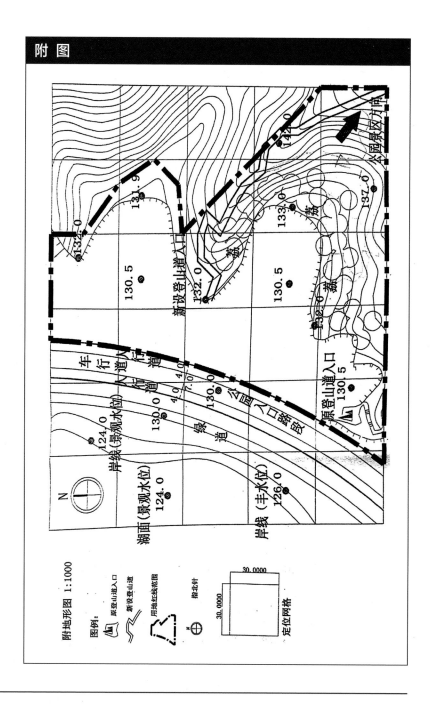

第四节 风景园林与健康

相关主题

康复景观、健康视野下的风景园林、健身空间及其配置、空间适老适少设计、无障碍设计、园艺疗法、绿色空间与公共健康、绿色医学、森林康养、芳香疗法。

政策导向

2016年《"健康中国2030"规划纲要》出台。十九大明确突出"完善国民健康政策，为人民群众提供全方位全周期健康服务。"健康中国由此在国家层面形成制度体系。在健康中国战略的价值导向下，风景园林行业紧跟健康中国的风潮。

风景园林行业与健康中国相关的研究领域有两大方面

（1）人类生存的本底——自然环境健康方面的研究（这是风景园林历来注重的领域，从植物健康、生态健康到生境健康，体现风景园林设计中人们对人类生存环境健康的追求。）

（2）户外空间对人的健康影响，风景园林对此有不少卓有成效的研究，如康复花园、绿地降尘减噪、湿地净水、健身空间及其配置、空间适老适少设计、无障碍设计等。

康复景观

定义：康复景观是通过营造人文景观和自然景观，并加强与使用者的互动作用，以达到恢复或保持健康目的的户外空间。康复景观可以是医疗机构的附属绿地，也可以是园艺疗法花园、芳香疗法花园等专类公园，还可以是公共景观中的一个区域。

风景园林与健康相关案例

重庆龙湖颐年公寓康复花园。

2019年天津大学初试试题

试题题目：山地公园设计

一、场地概况

该地区位于北方某郊区的封闭式疗养院的山坡。北侧是城市道路，东侧为疗养院建筑，疗养院建筑为中式风格。从疗养院综合楼内部环路进入。场地为坡地。有一定的高差，山峦西侧的坡顶有一个清代的六角古石亭。基地上植被丰富。

二、规划设计要求

（1）设计为该疗养院服务的健身休闲后花园，并且要求中式风格。

（2）场地坡度较陡，需要考虑雨洪管理。

（3）设置无障碍环路。

（4）标明场地高程，及平台上下台阶的高差等。

三、设计内容

（1）总平面图1张（比例不限）。

（2）景观表现图2～3张。

（3）剖面图、立面图各至少1张。

（4）设计说明（字数不限）。

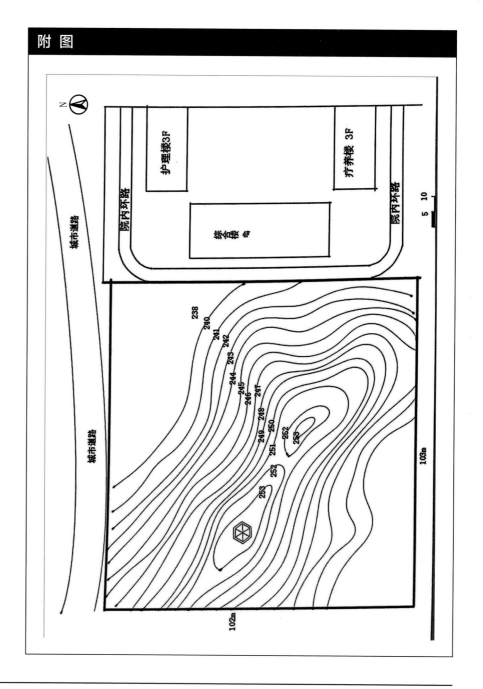

第五节　城市双修

定义

"城市双修"是指生态修复、城市修补。其中，生态修复，旨在有计划、有步骤地修复被破坏的山体、河流、植被，重点是通过一系列手段恢复城市生态系统的自我调节功能；城市修补，重点是不断改善城市公共服务质量，改进市政基础设施条件，发掘和保护城市历史文化和社会网络，使城市功能体系及其承载的空间场所得到全面系统的修复、弥补和完善。

相关主题

生态景观、湿地景观、棕地改造、城市更新、生态修复、城市老旧城区改造、治理土地污染、解决人地矛盾、废弃地再利用、景观结合交通网络体系改造等。

城市双修的要点

① 要加强城市设计，提倡城市修补。

② "要大力开展生态修复，让城市再现绿水青山"。

③ 要通过实施城市修补，解决老城区环境品质下降、空间秩序混乱等问题，恢复老城区的功能和活力，并大力推进城市生态修复。

④ 按照自然规律，改变过分追求高强度开发、高密度建设、大面积硬化的状况，逐步恢复城市自然生态。

城市双修著名案例

① 南京 – 汤山矿坑公园，江苏 / 张唐景观。

② 沣河（文教园段）湿地生态公园，西安 / GVL怡境国际集团。

③ 增量型村庄：提升21世纪广州的城市本土化探索 / 邝玉琳。

④ 古城灌溉区修复，西班牙 / Cíclica and CAVAA。

⑤ 2016 ASLA 通用设计类荣誉奖：新加坡碧山宏茂桥公园 / Ramboll Studio Dreiseitl。

⑥ 2016 ASLA 通用设计类荣誉奖：从棕地到公园，宁波生态走廊 / SWA。

第六节　海绵城市

定义

海绵城市是一种城市雨洪管理理念，指城市能够像海绵一样，在适应环境变化和应对自然灾害等方面具有良好的"弹性"，下雨时吸水、蓄水、渗水、净水，需要时将蓄存的水"释放"并加以利用。

相关主题

透水铺装 、下沉式绿地 、生物滞留设施 、透水塘、湿塘、雨水湿地、植草沟、渗管/渠、植被缓冲带、初期雨水弃流设施。

海绵城市体系

海绵城市不是独立的某个雨水花园或下沉绿地，而是一个完整的生态网络。这个生态网络由"渗""滞""蓄""净""用""排"六个部分组成。

设计要素

①"渗"就是减少路面、屋面、地面等硬质地表面积，增加绿地面积，使雨水就地入渗。设计要素主要有透水铺装、下沉式绿地等。

②"滞"就是延缓洪峰出现的时间，降低排水强度，缓解雨洪风险。设计要素主要有生物滞留设施以及植被缓冲带等。

③"蓄"就是蓄存雨水，进而削减洪峰峰值流量，调节雨洪时空分布，为雨水资源化利用创造条件。设计要素包括主要湿塘、渗透塘等。

④"净"就是净化雨水，进而对污染源采取相应控制手段，削减雨水径流的污染负荷。为雨水的回收利用打下基础。设计要素主要有植草栅格、雨水湿地等。

⑤"用"就是实现雨洪资源化，雨水回灌、雨水灌溉及构造园林景观等，形成雨水资源的深层次循环利用。

⑥"排"就是统筹低影响开发雨水系统、城市雨水管渠系统以及超标雨水径流排放系统，构建安全的城市排水防涝体系，确保城市运行安全。雨水净化后多余的水可通过城市雨水管网排出。

2009年浙江农林大学初试试题

试题题目：生态广场设计

一、概况

　　以下是华东某县级城市主要商业街旁边的一个地块。其北侧为高10层的写字楼，东西两边各有一条宽6m的车道，车道外为3～4层高商住建筑（底层为商业，上面几层为居住），南面为商业街。要求在规定的地块内，设计一个绿地率在55%～60%，绿化覆盖率在70%～75%，以游憩为主要功能的生态广场。设计原则上，除考生认为应有的原则外，还应特别强调节约性原则。

二、内容要求

　　（1）平面图1张。

　　（2）鸟瞰图1张或效果图2张。

　　（3）不少于100字的设计说明。

　　（4）一张设计中采用的主要植物的苗木表（至少包括序号、种类、规格三项内容）。

　　（5）雨水花园。

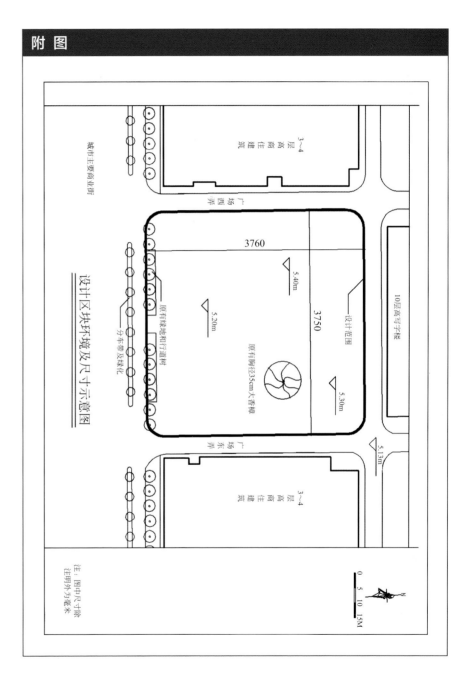

附 图

设计区块环境及尺寸示意图

第七节 古典园林的复建与复兴

一、背景

在西方工业革命余温与现代城市运动的影响下，21世纪的中国城市形态面临着十分重大的考验，尤其在"城市更新"视角下，中国本土景观越来越趋于同质化抑或是盲目跟从的西方极简主义、形式主义思潮。在更新的过程中，"中国味道"越来越淡，在某种意义上：越西化，越现代……庆幸的是当今学术界意识到我们应该着手地去救治我们的"根"，着手于从古建筑、古技艺、古庭院、古园林等角度进行复建与复兴。并且"以古为新"从古典的手法与技艺中吸取符合现代的中国式本土造园技法，融合新技术、新材料，因地制宜、有法无式，早日实现钱学森先生所畅想的"山水城市"。（相关热点链接：同质化景观、城市更新、本土景观、山水城市）。

二、"有法无式"之中"法"对景观快题的启发

古典园林造园法式笔者大致总结成三种：单体元素有实法有定式；组合元素有虚法无定式；而意境之法无穷，不可说。

① 其一，针对单体，如厅堂、亭廊、台榭、花木、理水等单体实物构筑之法，为实法，实法有式，（如《营造法式》《营造法原》等书籍中着重阐述园林建筑的营造之法，《园冶》《长物志》《一家言》等典籍中也介绍了诸如室内陈设、花窗、铺地等详细作法），由此营造的为园林之物境。

② 其二，对于单体与单体之间而形成的元素组合、空间的安排、流线设置等，如《园冶》"因地制宜、巧于因借"，再如彭一刚先生《中国古典园林分析》中所详细论述的"内向与外向、看与被看、主从与重点、空间的对比、藏与露、引导与暗示、疏与密、起伏与层次、虚与实、蜿蜒曲折、高低错落、仰视与俯视、渗透与层次、空间序列"等空间的布列方法为营造之虚法，虚法无定式，需要结合如《林泉高致》等画论，将园林四大要素组合，由此营造园林之画境。

③ 其三，超脱四维空间之外，运用题名、楹联营造园林的五维空间为造园之"意法"，意法则来源于诗词文篇，如"拙政、沧浪、网师、待霜、雪香云蔚、闻木樨香等"其言明志；其言释怀，此为意法之无穷也，也由此营造园林之意境。

三、"有法无式"之中"法"在景观快题的应用

从近几年的快题考试中我们可以看到，如天津大学、华南理工大学、华南农业大学等院校的初试快题的考察中已经对古典园林的考察有所

偏重。但毕竟是研究生的入学考试，同时作为限时的题目考察，因此考察的并非"创作"而是"意识"。针对以"意识层面"做以下阐述。

（1）从场地性质入手"因地制宜"（此为相地）

分析题目的性质是什么，是古典园林复建，还是中式庭院建造，岭南园林建造，是平地造园，还是山地造园等，即从题目的要求入手针对不同形式的考察方式，从风格的角度以及场地垫面的形式破题。

（2）园内园外有无山，园内园外有无水（筑山理水）

首先看场地内外有无山：①场地内有山，依附山势，山地造园，起承转合，注意序列，张弛有度。②场地内无山，场地外有山，掇山，平岗小板，借山势。③场地内外均无山，大场地缩移模拟真山"造势"，小场地，巧于置石填景，做出空间，也可一拳代山。

再看场地内外有无水：①场地内有水，稍加处理，水头水尾稍加强调：藏源若天水，疏水若无尽。小水舒朗即可，大水三山格局。②场地内无水，考虑周围环境，能否引水，不能引水有无地形，有无水线汇水。③如果场地内外均无水源，切勿出现大面积死水，有时水一小潭，也可承江湖之浩瀚。总之，水为园之"灵"，不可做作，不可呆板。

（3）从场地内部保留物"妙于因借"造园之主景、补景

一般场地内会保留"祠堂""旧院""古亭""古树"等，这时候我们就要"有意识"地知道，题目就是让我们依附原有而新建，因此主庭院抑或是主景的位置便确定了，主庭院确定了，主景确定，整个园子的格局和走势便确定了。（相地之后，定主厅堂，此为立基），主景而后为补景，补景意在烘托主景，为主景造"势"。主景与补景是相对的，就同景观生态学中斑块与基质关系相似，每一个补景也是精巧绝伦，放在其所属庭院，亦是独当一面。承担主景的一般为厅堂、大至殿宇，宜正位，宜对称；承担补景的一般为亭、廊、台、榭等，可灵活，依景之所需。具体的做法《营造法原》一书介绍的已十分详尽。

（4）墙分庭院，轩廊连景，阳角之处又成景

古典园林中没有明确的道路系统，但有明确的通行系统。通行系统又有一实一虚之分，实者为廊，依附墙而建，所折之处，必造景，造景之处，多为阳角；虚者为假山花木外所空余之铺地，廊引导的游赏，铺地暗示漫游，一虚一实与引导暗示共同承担通行。因此在我们的景观快题中，同样筑墙分割大空间，轩廊连接内空间。

（5）巧植花木于藏、露、框、分处，加强空间，同时托物言志

古典园林快题中，不宜出现云树，因此要善用组团，用来加强空间，同时作为软隔离，软构筑，巧藏景、巧露景、巧框景、巧分景，景到随机，经营种植，如"三三径"营造四时之景。同时加强厅堂廊榭的题名、楹联的渲染力，言主人之志，抒主人之怀。

2010年华南理工大学初试试题

试题题目：小型古典园林设计

一、场地概况

本项目基地位于广州华南植物园东侧的某湖畔地段。基地内西北侧有道路连接华南植物园园区，基地西侧临植物园边界围墙，东侧北侧均为植被山体。基地南临湖面。场地内由北向南有两条天然山溪，近拟在此基地兴建景区。风景区公园内，景区内有东西两条溪水由北向南流入湖中。建设一组供游人听泉、观赏、休憩、棋牌娱乐的建筑物，园林建筑形式可选择古典园林中厅堂楼榭等。具体拟建内容包括休憩、棋牌室（可分散布置）茶室。

二、设计要求

本景区以滨水、听泉为主题的山地小型公园，场地内的功能自拟，要求主题鲜明、功能合理、交通清晰。本用地为长方形山丘地，地形设计上应遵保护生态的原则，对现有山体不宜有过多的修改及平整。建设用地西北为植物园区内道路接入口，本案的出入口与车辆停放的设计宜在此区域解决。入口设置大门，考虑值班及接待30m²，要求设置20个小车停车位。

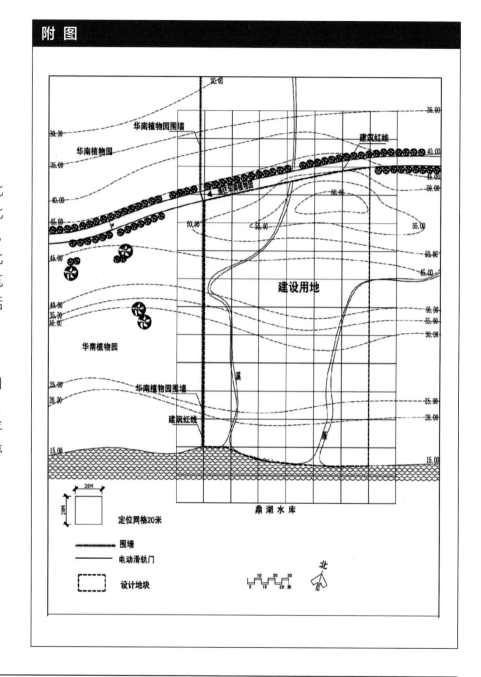

附　图

第八节　风景中的建筑

热爱风景是人的本性，去看风景是人们主要的休闲活动之一，于是风景中有了建筑——为看风景的人使用的房子。

中国人欣赏的风景更多的是一种可望、可行、可游、可居的山水——山水是生活之地、游玩之境、聚友之所和冥思之处。在人与自然的关系上，中国美学强调的是二者之间的亲密关系。中国人追求的自然是人化的自然，所以在中国，最美的风景中一定会有建筑，建筑赋予了风景以情感和心灵。

设计方向

① 消隐

消隐就是将建筑尽量隐于风景之中，在主要景观视野中不看到或少看到建筑的体量，减少对风景的干扰。

② 分合

分合就是利用切分或整合建筑的体量，使其与不同尺度的风景相称。

杭帮菜博物馆，设计采用切分平面的方法减少其体量和尺度，形成几组小部落。

③ 顺形

顺形就是顺应地形特点让建筑与场地一体化，从而使建筑成为风景的一部分。

敦煌莫高窟数字展示中心设计，从场地处理到建筑形态都采用戈壁沙山的造型，好似大地隆起。

④ 透空

透空就是让建筑室外留出灰空间与风景环境过渡，室内空间开放通透，将风景引入建筑，营造观景和借景的场所。

海口市民游客中心以巨大的木屋顶营造开放的半市外空间，将公园绿坡和水引入其中，打破了建筑和公园景观的界线。

⑤ 地材

地材就是通过当地质朴的天然材料，使建筑与场地和风景建立有机联系。

⑥ 乡土

乡土就是采用风景中原有的村落民居典型，使建筑和风景找到人们早已熟悉和认同的和谐关系。

⑦ 观望

观望就是让建筑成为近观和远望风景的平台。

⑧ 掩映

掩映就是通过地形的处理和绿化的种植，适当遮掩建筑的体量，使之更好地与风景融合。

"街道是让人们体验的，古街道还在这个地方，一看到它过去的肌理，那么这个城市就变得有厚度，历史就在这个厚度中间呈现出来。"

——丁沃沃

第八章

规范合集及应用场景

规范制图，才能稳操胜券

公园设计规范篇（GB 51192—2016　2017年1月1日起实施）

一、基本规定

1. 公园的用地范围和类型应以城乡总体规划、绿地系统规划等上位规划为依据。

2. 沿城市主、次干道的公园主要出入口的位置和规模，应与城市交通和游人走向、流量相适应。

3. 公园与水系相邻时，应根据相关区域防洪要求，综合考虑相邻区域水位变化对公园景观和生态系统的影响，并应确保游人安全。

4. 公园应急避险功能的确定和相应场地、设施的设置，应以城市综合防灾要求、公园的安全条件和资源保护价值要求为依据。

5. 公园设计应以创造优美的绿色自然环境为基本任务，并根据公园类型确定其特有的内容。

6. 公园用地比例应以公园陆地面积为基数进行计算。

7. 公园内总建筑面积（包括覆土建筑）不应超过建筑占地面积的1.5倍。

8. 公园游人容量（人）=［公园陆地面积（m^2）/人均占有公园陆地面积（m^2/人）］+公园开展水上活动的水域游人容量（人）

9. 公园内不应修建与其性质无关的、单纯以营利为目的的建筑。

10. 面积大于或等于10hm^2的公园，应按游人容量的2%设置厕所厕位（包括小便斗位数），小于10hm^2者按游人容量的1.5%设置；男女厕位比例宜为1:1.5；厕所服务半径不宜超过250m，即间距500m。

11. 休息座椅容纳量应按游人容量的20%～30%设置；应考虑游人需求合理分布；休息座椅旁应设置轮椅停留位置，其数量不应小于休息座椅的10%。

二、总体设计

1. 现状有纪念意义、生态价值、文化价值或景观价值的风景资源，应结合到公园内景观设计中。

2. 公园用地不应存在污染隐患。在可能存在污染的基址上建设公园时，应根据环境影响评估结果，采取安全、适宜的消除污染技术措施。

3. 当保留公园用地内原有自然岩壁、陡峭边坡，并在其附近设置园路、游憩场地、建筑等游人聚集的场所时，应对岩壁、边坡做地质灾害评估，并应根据评估结果采取安全防护或避让措施。

4. 公园设计不应填埋或侵占原有湿地、河湖水系、滞洪或泛洪区及行洪通道。

5. 有文物价值的建筑物、构筑物、遗址绿地，应加以保护并结合到公园内景观之中。

6. 公园内古树名木严禁砍伐或移植，并应采取保护措施。

7. 原有的健壮的乔木、灌木、藤本和多年生草本植物宜保留利用。

8. 在保留的地下管线和工程设施附近进行设计时，应提出对原有物的保护措施和施工要求。

9. 总体布局应对功能区和景区划分、地形布局、园路系统、植物布局、建筑物布局、设施布局及工程管线系统等作出综合设计。

10. 总体布局应结合现状条件和竖向控制，协调公园功能、设施及景观之间的关系。

11. 功能区应根据公园性质、规模和功能需要划分，并确定各功能区的规模、布局。

12. 景区应根据公园内资源特点和设计立意划分。

13. 地形布局应在满足景观塑造、空间组织、雨水控制利用等各项功能要求的条件下，合理确定场地的起伏变化、水系的功能和形态，并宜园内平衡土方。

三、规范

（一）公园出入口

1. 应根据城市规划和公园内部布局的要求，确定主、次和专用出入口的设置、位置和数量。

2. 需要设置出入口内外集散广场、停车场、自行车存车处时，应确定其规模要求。

3. 售票的公园游人出入口外应设置集散场地，外集散场地的面积下限指标应以公园游人容量为依据，宜按500m²/万人计算。

4. 公园游人出入口宽度应符合下列规定：

① 单个出入口的宽度不应小于1.8m。

② 举行大规模活动的公园应另设紧急疏散通道。

（二）停车场

1）停车场设计规范

① 小型汽车停车位尺寸：2.5m×5.0m或3.0m×6.0m。大型汽车停车位宽4m，长度7m到10m，视车型定。

② 机动车停车场内的主要通道宽度不得小于6m。

停车场如果只有一个出入口，可设置边长为6m的回车场地。

③ 机动车停车场车位指标大于50个时，出入口不得少于2个；大于500个时，出入口不得少于3个。出入口之间的净距须大于10m，出入口宽度不得小于7m。

④ 露天地面停车场停车面积为25～30m²/车位，路边停车带停车面积为16～20m²/车位。

⑤ 停车楼和地下停车库的建筑面积，每个停车位宜为30～35m²。

⑥ 摩托车停车场用地面积，每个停车位宜为2.5～2.7m²。

⑦ 自行车公共停车场用地面积，每个停车位宜为1.5～1.8m²。

2）停车位布局方式

① 垂直式

垂直停车可以从两个方向进、出车，停车较方便，在几个停车方式中所占面积最小，但转弯半径大，行车通道方便。

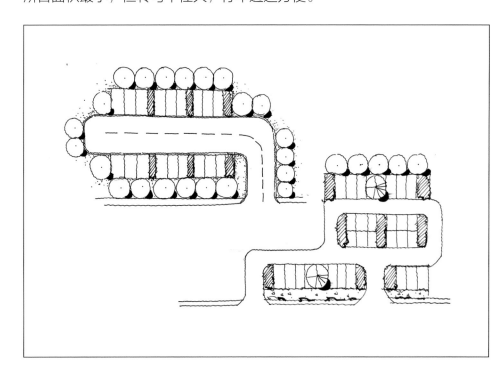

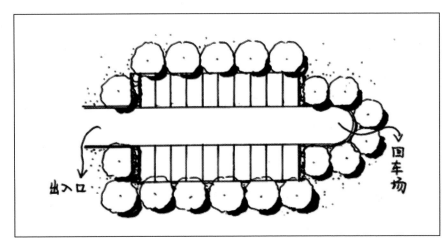

② 平行式

平行停车方式车辆进、出车位更方便、安全，但每辆车因进出需要而占用的面积较大。

③ 斜列式

斜角停车时进、出车较方便，所需转弯半径较小，相应通道宽度面积较小，但进、出车只能沿一个固定方向，且停车位前后出现三角形面积，因而每辆车占用的面积较大。

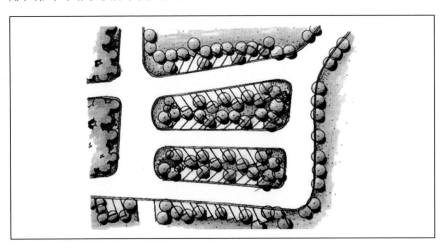

（三）园路设计

1. 园路分级

不同类型和规模的公园，所采用的道路尺度各不相同，一般情况下：

一级路：联系公园内不同分区，形成公园骨架，4～6m。

二级路：联系分区内各个景点，2.5～3m。

三级路（游步道）：1.2～2m。

一般通车道、消防车道：4～6m。

其中消防车道宽度不应小于4m，转弯半径不应小于9～10m。

2. 居住区内尽端式道路的最大长度一般为120m，尽端回车场尺寸不小于12m×12m的控制值，用地有条件时最好按不同的回车方式安排相应规模的回车场。大型消防车使用的回车场面积还不应小于18m×18m。

3. 供残疾人使用的门厅、过厅及走道等地面有高差时应设坡道，坡道的宽度不应小于0.90m。坡道转弯时应设休息平台，休息平台的深度不应小于1.50m。

4. 机动车最小转弯半径（道路内路牙最小半径）：

6.0m：车长不超过5m的三轮车、小型车。

9.0m：车长6～9m的一般二轴载重汽车、中型车。

12.0m：车长10m以上的铰接车、大型货、客车等大型车的基地出入口转弯半径应适量加大。

（四）运动场地尺寸

羽毛球场	排球场	网球场	篮球场
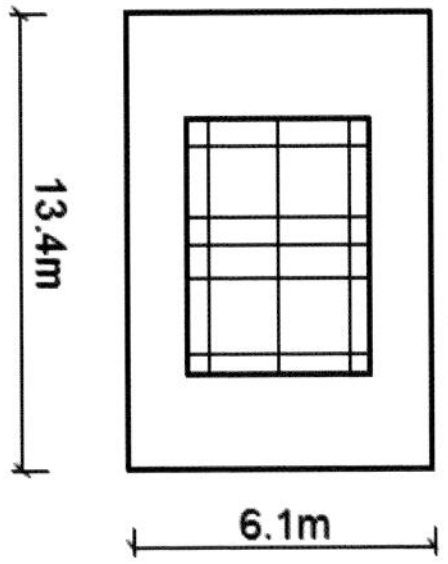13.4m 6.1m	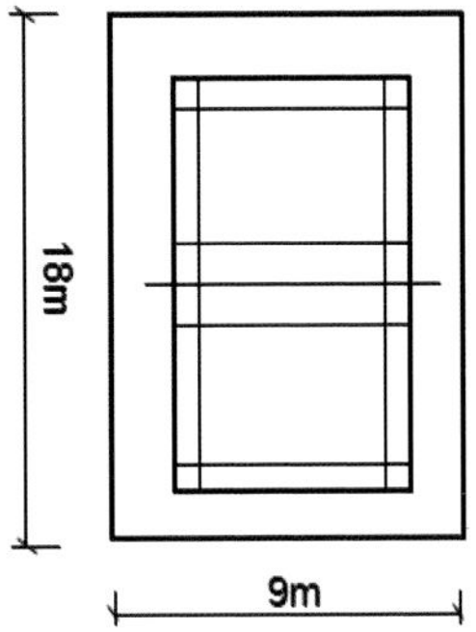18m 9m	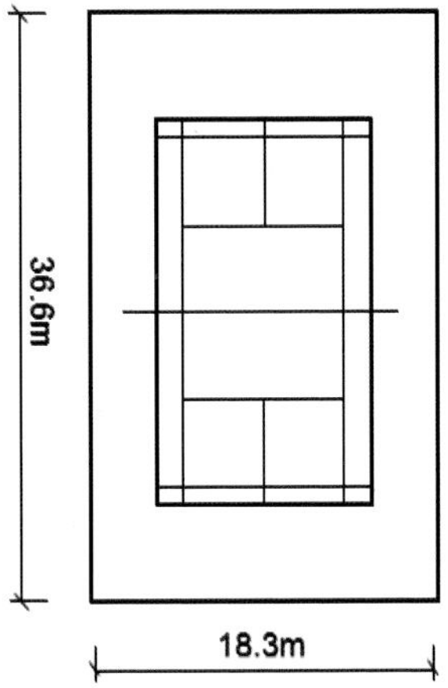36.6m 18.3m	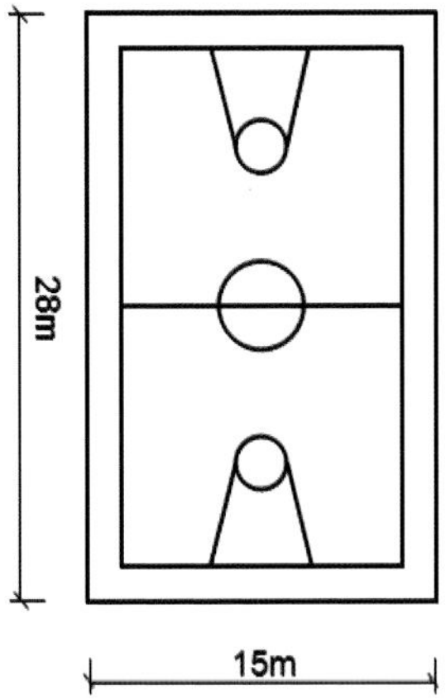28m 15m

200米跑道	400米跑道
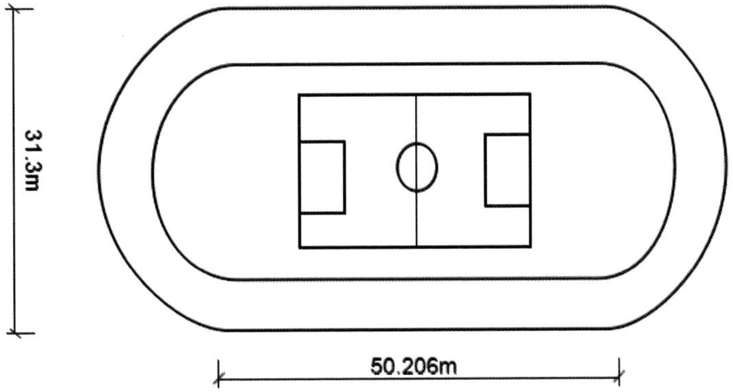31.3m 50.206m	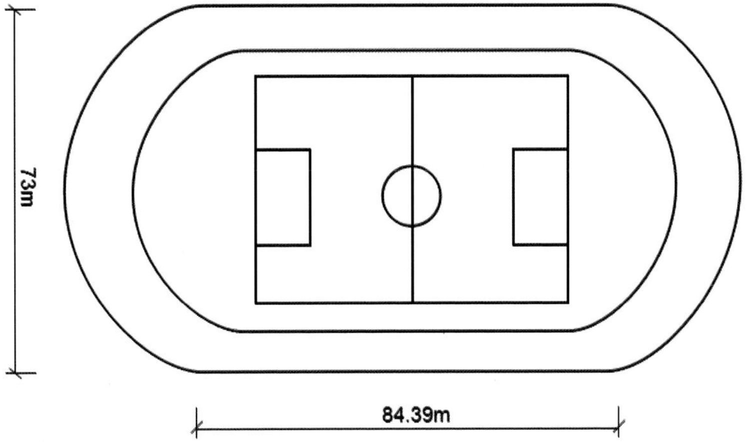73m 84.39m

（五）植物设计

1. 植物配置应以总体设计确定的植物组群类型及效果要求为依据。

2. 植物配置应采取乔、灌、草结合的方式，并避免生态习性相克植物搭配。

3. 植物配置应注重植物景观和空间的塑造，并应符合下列规定。

① 植物组群的营造宜采用常绿树种与落叶树种搭配，速生树种与慢生树种相结合，以发挥良好的生态效益，形成优美的景观效果。

② 孤植树、树丛或群树至少应有一处欣赏点，视距宜为观赏面宽度的1.5倍或高度的2倍。

③ 树林林缘线观赏视距宜为林高的2倍以上。

④ 树林林缘与草地的交接地段，宜配植孤植树、树丛等。

⑤ 草坪的面积及轮廓形状，应考虑观赏角度和视距要求。

4. 植物配置应考虑管理及使用功能的需求，并应符合下列要求。

① 应合理预留养护通道。

② 公园游憩绿地宜设计为疏林或疏林草地。

5. 植物配置应确定合理的种植密度，为植物生长预留空间。种植密度应符合下列规定。

① 树林郁闭度应符合：

密林种植当年标准为0.30～0.70，成年期标准0.70～1.00；

疏林种植当年标准0.10～0.40，成年期标准0.40～0.60；

疏林草地种植当年标准0.07～0.20，成年期标准0.10～0.30。

② 观赏树丛、树群近期郁闭度应大于0.50。

6. 园路两侧的种植应符合下列规定。

① 乔木种植点距路缘应大于0.75m。

② 植物不应遮挡路旁标识。

③ 通行机动车辆的园路，两侧的植物应符合下列规定。

a. 车辆通行范围内不应有低于4.0m高度的枝条。

b. 车道的弯道内侧及交叉口视距三角形范围内，不应种植高于车道中线处路面标高1.2m的植物，弯道外侧宜加密种植以引导视线。

c. 交叉路口处应保证行车视线通透，并对视线起引导作用。

7. 停车场的种植应符合下列规定。

① 树木间距应满足车位、通道、转弯、回车半径的要求。

② 庇荫乔木枝下净空应符合下列规定。

a. 大、中型客车停车场：大于4.0m。

b. 小汽车停车场：大于2.5m。

c. 自行车停车场：大于2.2m。

③ 场内种植池宽度应大于1.5m。

8. 苗木种类的选择应考虑栽植场地的特点，并符合下列规定。

① 游憩场地及停车场不宜选用有浆果或分泌物坠地的植物。

② 林下的植物应具有耐阴性，其根系不应影响主体乔木根系的生长。

③ 攀缘植物种类应根据墙体等附着物情况确定。

④ 树池种植宜选深根性植物。

⑤ 有雨水滞蓄净化功能的绿地，应根据雨水滞留时间，选择耐短期水淹的植物或湿生、水生植物。

⑥ 滨水区应根据水流速度、水体深度、水体水质控制目标确定植物种类。

（六）水体设计

1. 人工水体近岸2.0m范围内水深不得大于0.7m，否则应设护栏。

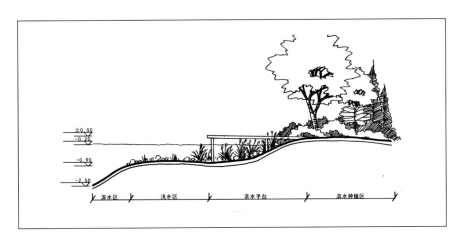

2. 无护栏的园桥、汀步附近2.0m范围内水深不得大于0.5m。

3. 儿童泳池水深0.5～1.0m为宜；成人泳池水深1.2～2m为宜；儿童戏水池水深不得大于0.35m

4. 养鱼池因鱼种类不同而异，一般池深0.8～1.0m，并需保证水质的措施。

5. 水生植物深度视不同植物而异，一般浮水植物（睡莲）水深要求0.5～2.0m，挺水植物（如荷花）水深要求1.0m左右。

6. 戏水池的设计应符合下列规定。

① 戏水池及其他游人可亲水的水池不宜采用内防水，老旧水池修补堵漏时不应采用有毒、有害的防水和装饰材料。

② 儿童戏水池最深处的水深不应超过0.35m。

③ 池壁装饰材料应平整、光滑且不易脱落。

④ 池底应有防滑措施。

（七）构筑物及休憩设施

1. 建筑物的层数与高度应符合下列规定。

① 游憩和服务建筑层数以1层或2层为宜，其主题或点景作用的建筑物或构筑物的高度和层数应服从功能和景观的需要。

② 管理建筑层数不宜超过3层，其体量应按不破坏景观和环境的原则严格控制。

③ 室内净高不应小于2.4m，亭、廊、敞厅等的楣子高度应满足游人通过或赏景的要求。

2. 座椅：高0.35～0.45m；座面宽0.4～0.6m；单人椅 $L \approx 0.60$m；双人椅 $L \approx 1.20$m，三人椅 $L \approx 1.80$m。

3. 桌：高0.65～0.7m；面宽0.7～0.8（4人用）。

4. 汀步：步距≤0.5m。

5. 栏杆：低栏杆 $H=0.2～0.3$m；中栏杆 $H=0.8～0.9$m；高栏杆 $H=1.1～1.3$m。

6. 亭：$H=2.40～3.00$m，$W=2.40～3.60$m，立柱间距 ≈ 3.00m左右。

7. 廊：$H=2.20～2.50$m，$W=1.80～2.50$m。

8. 树池尺寸：边长大于1.5m。

9. 游人通行量较多的建筑室外台阶宽度不宜小于1.5m；踏步宽度不宜小于30cm，踏步高度不宜大于15cm且不宜小于10cm；台阶踏步数不应少于2级。

10. 公园内水体外缘宜建造生态驳岸。

11. 儿童游憩设施的造型、色彩宜符合儿童的心理特点。

城市绿地分类标准 （CJJ/T 85—2017　2018年6月1日起实施）

一、植物设计

1. 绿地应按主要功能进行分类。

2. 绿地分类应采用大类、中类、小类三个层次。

3. 绿地类别应采用英文字母组合表示，或采用英文字母和阿拉伯数字组合表示。

4. 公园绿地（G1）：向公众开放，以游憩为主要功能，兼具生态、景观、文教和应急避险等功能，有一定游憩和服务设施的绿地。

5. 综合公园（G11）：内容丰富，适合开展各类户外活动，具有完善的游憩和配套管理服务设施的绿地。规模宜大于10hm²。

6. 社区公园（G12）：用地独立，具有基本的游憩和服务设施，主要为一定社区范围内居民就近开展日常休闲活动服务的绿地。规模宜大于1hm²。

7. 专类公园（G13）：具有特定内容或形式，有相应的游憩和服务设施的绿地。

8. 动物园（G131）：在人工饲养条件下，移地保护野生动物，进行动物饲养、繁殖等科学研究，并供科普、观赏、游憩等活动，具有良好设施和解说标识系统的绿地。

9. 植物园（G132）：进行植物科学研究、引种驯化、植物保护，并供观赏、游憩等活动，具有良好设施和解说标识系统的绿地。

10. 历史名园（G133）：体现一定历史时代代表性的造园艺术，需要特别保护的园林。

11. 遗址公园（G134）：以重要遗址及其背景环境为主形成的，在遗址保护和展示等方面具有示范意义，并具有文化、游憩等功能的绿地。

12. 游乐公园（135）：单独设置，具有大型游乐设施，生态环境较好的绿地。绿化占地比例应大于或等于65%。

13. 其他专类公园（G139）：除动物园、植物园、历史名园、遗址公园、游乐公园外，具有特定主题内容的绿地。主要包括儿童公园、体育健身公园、滨水公园、纪念性公园、雕塑公园以及位于城市建设用地内的风景名胜区公园、城市湿地公园和森林公园等。绿化占地比例宜大于或等于65%。

14. 游园（G14）：除综合公园、社区公园、专类公园这些公园绿地外，用地独立，规模较小或形状多样，方便居民就近进入，具有一定游憩功能的绿地。带状游园的宽度宜大于12m；绿化占地比例应大于或等于65%。

15. 防护绿地（G2）：用地独立，具有卫生、隔离、安全生态防护功能，游人不宜进入的绿地。主要包括卫生隔离防护绿地、道路及铁路防护绿地、高压走廊防护绿地、公用设施防护绿地等。

16. 广场用地（G3）：以游憩、纪念、集会和避险等功能为主的城市公共活动场地。

17. 附属绿地（XG）：附属于各类城市建设用地（除"绿地与广场用地"）的绿化用地，包括居住用地、公共管理与公共服务设施用地、商业服务业设施用地、工业用地、物流仓储用地、道路与交通设施用地、公用设施用地等用地中的绿地。

18. 区域绿地（EG）：位于城市建设用地之外，具有城乡生态环境及自然资源和文化资源保护、游憩健身、安全防护隔离、物种保护、园林苗木生产等功能的绿地。不参与建设用地汇总，不包括耕地。

19. 风景游憩绿地（EG1）：自然环境良好，向公众开放，以休闲游憩、旅游观光、娱乐健身、科学考察等为主要功能，具备游憩和服务设施的绿地。

20. 风景名胜区（EG11）：经相关主管部门批准设立，具有观赏、文化或者科学价值，自然景观、人文景观比较集中，环境优美，可供人们游览或者进行科学、文化活动的区域。

21. 森林公园（EG12）：具有一定规模，且自然风景优美的森林地域，可供人们进行游憩或科学、文化、教育活动的绿地。

22. 湿地公园（EG13）：以良好的湿地生态环境和多样化的湿地景观资源为基础，具有生态保护、科普教育、湿地研究、生态休闲等多种功能，具备游憩和服务设施的绿地。

23. 郊野公园（EG14）：位于城区边缘，有一定规模、以郊野自然景观为主，具有亲近自然、游憩休闲、科普教育等功能，具备必要服务设施的绿地。

24. 其他风景游憩绿地（EG19）：除上述外的风景游憩绿地，主要包括野生动植物园、遗址公园、地质公园等。

25. 生态保育绿地（EG2）：为保障城乡生态安全，改善景观质量而进行保护、恢复和资源培育的绿色空间。主要包括自然保护区、水源保护区、湿地保护区、公益林、水体防护林、生态修复地、生物物种栖息地等各类以生态保育功能为主的绿·地。

26. 区域设施防护绿地（EG3）：区域交通设施、区域公用设施等周边具有安全、防护、卫生、隔离作用的绿地。主要包括各级公路、铁路、输变电设施、环卫设施等周边的防护隔离绿化用地。区域设施指城市建设用地外的设施。

27. 生产绿地（EG4）：为城乡绿化美化生产、培育、引种试验各类苗木、花草、种子的苗圃、花圃、草圃等圃地。

二、绿地的计算原则与方法

1. 计算现状绿地和规划绿地的指标时，应分别采用相应的人口数据和用地数据；规划年限、城市建设用地面积、人口统计口径应与城市总体规划一致，统一进行汇总计算。

2. 用地面积应按平面投影计算，每块用地只应计算一次。

3. 用地计算的所用图纸比例、计算单位和统计数字精确度均应与城市规划相应阶段的要求一致。

4. 绿地率（%）=[（公园绿地面积（m²）+防护绿地面积（m²）+广场用地中的绿地面积（m²）+附属绿地面积（m²）] /城市的用地面积（m²）×100%

5. 人均绿地面积=[公园绿地面积（m²）+防护绿地面积（m²）+广场用地中的绿地面积（m²）+附属绿地面积（m²）]/人口规模（人）

6. 人均公园绿地面积（m²/人）=公园绿地面积（m²）/人口规模（人）

7. 城乡绿地率（%）=[（公园绿地面积（m²）+防护绿地面积（m²）+广场用地中的绿地面积（m²）+附属绿地面积（m²）+区域绿地面积（m²）] /城乡的用地面积（m²）×100%

城市居住区规划设计标准 (GB 50180—2018)

一、术语

1. 城市居住区：城市中住宅建筑相对集中布局的地区，简称居住区。

2. 十五分钟生活圈居住区：以居民步行十五分钟可满足其物质与生活文化需求为原则划分的居住区范围；一般由城市干路或用地边界线所围合，居住人口规模为50000 ~ 10000人（约17000 ~ 32000套住宅），配套设施完善的地区。

3. 十分钟生活圈居住区：以居民步行十分钟可满足其基本物质与生活文化需求为原则划分的居住区范围；一般由城市干路、支路或用地边界线所围合，居住人口规模为15000 ~ 25000人（约5000 ~ 8000套住宅），配套设施齐全的地区。

4. 五分钟生活圈居住区：以居民步行五分钟可满足其基本生活需求为原则划分的居住区范围；一般由支路及以上级城市道路或用地边界线所围合，居住人口规模为5000 ~ 12000人（约1500 ~ 4000套住宅），配建社区服务设施的地区。

5. 居住街坊：由支路等城市道路或用地边界线围合的住宅用地，是住建筑组合形成的居住基本单元；居住人口规模在1000 ~ 3000人（约300 ~ 1000套住宅，用地面积2 ~ 4hm²），并配建有便民服务设施。

6. 居住区用地：城市居住区的住宅用地、配套设施用地、公共绿地以及城市道路用地的总称。

7. 公共绿地：为居住区配套建设、可供居民游憩或开展体育活动的公园绿地。

8. 住宅建筑平均数：一定用地范围内，住宅建筑总面积与住宅建筑基底总面积的比值所得的层数。

9. 配套设施：对应居住区分级配套规划建设，并与居住人口规模或住宅建筑面积规模相匹配的生活服务设施；主要包括基层公共管理与公共服务设施、商业服务业设施、市政公用设施、交通场站及社区服务设施、便民服务设施。

10. 社区服务设施：五分钟生活圈居住区内，对应居住人口规模配套建设的生活服务设施，主要包括托幼、社区服务及文体活动、卫生服务、养老助残、商业服务等设施。

11. 便民服务设施：居住街坊内住宅建筑配套建设的基本生活服务设施，主要包括物业管理、便利店、活动场地、生活垃圾收集点、停车场（库）等设施。

二、基本规定

1. 居住区规划设计应坚持以人为本的基本原则，遵循适用、经济、绿色、美观的建筑方针，并应符合下列规定。

① 应符合城市总体规划及控制性详细规划。

② 应符合所在地气候特点与环境条件、经济社会发展水平和文化习俗。

③ 应遵循统一规划、合理布局，节约土地、因地制宜，配套建设、综合开发的原则。

④ 应为老年人、儿童、残疾人的生活和社会活动提供便利的条件和场所。

⑤ 应延续城市的历史文脉、保护历史文化遗产并与传统风貌相协调。

⑥ 应采用低影响开发的建设方式，并应采取有效措施促进雨水的自然积存、自然渗透与自然净化。

⑦ 应符合城市设计对公共空间、建筑群体、园林景观、市政等环境设施的有关控制要求。

2. 居住区应选择在安全、适宜居住的地段进行建设，并应符合下列规定。

① 不得在有滑坡、泥石流、山洪等自然灾害威胁的地段进行建设。

② 与危险化学品及易燃易爆品等危险源的距离，必须满足有关安全规定。

③ 存在噪声污染、光污染的地段，应采取相应的降低噪声和光污染的防护措施。

④ 土壤存在污染的地段，必须采取有效措施进行无害化处理，并应达到居住用地土壤环境质量的要求。

3. 居住区规划设计应统筹考虑居民的应急避灾场所和疏散通道，并应符合国家有关应急防灾的安全管控要求。

4. 居住区应根据其分级控制规模，对应规划建设配套设施和公共绿地，并应符合下列规定。

① 新建居住区，应满足统筹规划、同步建设、同期投入使用的要求。

② 旧区可遵循规划匹配、建设补缺、综合达标、逐步完善的原则进行改造。

5. 下列涉及历史城区、历史文化街区、文物保护单位及历史建筑的居住区规划建设项目，必须遵守国家有关规划的保护与建设控制规定。

6. 居住区应有效组织雨水的收集与排放，并应满足地表径流控制、内涝灾害防治、面源污染治理及雨水资源化利用的要求。

7. 居住区地下空间的开发利用应适度，应合理控制用地的不透水面积并留足雨水自然渗透、净化所需的土壤生态空间。

三、用地与建筑

1. 新建各级生活圈居住区应配套规划建设公共绿地，并应集中设置具有一定规模，且能开展休闲、体育活动的居住区公园；公共绿地控制指标应符合相关的规定。

1）十五分钟生活圈居住区：人均公共绿地面积2.0m²/人，居住区公园最小规模5.0hm²，最小宽度80m。（不含十分钟生活圈及以下级居住区的公共绿地指标）

2）十分钟生活圈居住区：人均公共绿地面积1.0m²/人，居住区公园最小规模1.0hm²，最小宽度50m。（不含五分钟生活圈及以下级居住区的公共绿地指标）

3）五分钟生活圈居住区：人均公共绿地面积1.0m²/人，居住区公园最小规模1.0hm²，最小宽度30m。（不含居住区街坊的绿地指标）

注：居住区公园中应设置10% ~ 15%的体育活动场地。

2. 当旧区改建确实无法满足表公共绿地控制指标的规定时，可采取多点分布以及立体绿化等方式改善居住环境，但人均公共绿地面积不应低于相应控制指标的70%。

3. 居住街坊内的绿地应结合住宅建筑布局设置集中绿地和宅旁绿地。

4. 居住街坊内集中绿地的规划建设，应符合下列规定。

① 新区建设不应低于0.50m²/人，旧区改建不应低于0.35m²/人。

② 宽度不应小于8m。

③ 在标准的建筑日照阴影线范围之外的绿地面积不应少于1/3，其中应设置老年人、儿童活动场地。

四、道路

1. 居住区内道路的规划设计应遵循安全便捷、尺度适宜、公交优先、步行友好的基本原则。

2. 居住区的路网系统应与城市道路交通系统有机衔接，并应符合下列规定。

① 居住区应采取"小街区、密路网"的交通组织方式，路网密度不应小于8km/km²；城市道路间距不应超过300m，宜为150～250m，并应与居住街坊的布局相结合。

② 居住区内的步行系统应连续、安全、符合无障碍要求，并应便捷连接公共交通站点。

③ 在适宜自行车骑行的地区，应构建连续的非机动车道。

④ 旧区改建，应保留和利用有历史文化价值的街道、延续原有的城市肌理。

3. 居住区内各级城市道路应突出居住使用功能特征与要求，并应符合下列规定。

① 两侧集中布局了配套设施的道路，应形成尺度宜人的生活性街道；道路两侧建筑退线距离，应与街道尺度相协调。

② 支路的红线宽度，宜为14～20m。

③ 道路断面形式应满足适宜步行及自行车骑行的要求，人行道宽度不应小于2.5m。

④ 支路应采取交通稳静化措施，适当控制机动车行驶速度。

4. 居住街坊内附属道路的规划设计应满足消防、救护、搬家等车辆的通达要求，并应符合下列规定：

① 主要附属道路至少应有两个车行出入口连接城市道路，其路面宽度不应小于4.0m；其他附属道路的路面宽度不宜小于2.5m。

② 人行出入口间距不宜超过200m。

③ 最小纵坡不应小于0.3%，最大纵坡应符合附属道路最大纵坡控制指标（%）的规定；机动车与非机动车混行的道路，其纵坡宜按照或分段按照非机动车道要求进行设计。

④ 附属道路最大纵坡控制指标（%）。

a. 机动车道：一般地区8.0%；积雪或冰冻地区6.0%；

b. 非机动车道：一般地区3.0%；积雪或冰冻地区2.0%；

c. 步行道：一般地区8.0%；积雪或冰冻地区4.0%。

五、居住环境

1. 居住区规划设计应尊重气候及地形地貌等自然条件，并应塑造舒适宜人的居住环境。

2. 居住区规划设计应统筹庭院、街道、公园及小广场等公共空间形成连续、完整的公共空间系统，并应符合下列规定。

① 宜通过建筑布局形成适度围合、尺度适宜的庭院空间。

② 应结合配套设施的布局塑造连续、宜人、有活力的街道空间；应构建动静分区合理、边界清晰连续的小游园、小广场。

③ 宜设置景观小品美化生活环境。

3. 居住区的建筑的肌理、界面、高度、体量、风格、材质、色彩应与城市整体风貌、居住区周边环境及住宅建筑的使用功能相协调，并应体现地域特征、民族特色和时代风貌。

4. 居住区内绿地的建设及其绿化应遵循适用、美观、经济、安全的原则，并应符合下列规定。

① 宜保留并利用已有的树木和水体。

② 应种植适宜当地气候和土壤条件、对居民无害的植物。

③ 应采用乔、灌、草相结合的复层绿化方式。

④ 应充分考虑场地及住宅建筑冬季日照和夏季遮阴的需求。

⑤ 适宜绿化的用地均应进行绿化，并可采用立体绿化的方式丰富景观层次、增加环境绿量；环境。

⑥ 有活动设施的绿地应符合无障碍设计要求并与居住区的无障碍系统相衔接。

⑦ 绿地应结合场地雨水排放进行设计，并宜采用雨水花园、下凹式绿地、景观水体、干塘、树池、植草沟等具备调蓄雨水功能的绿化方式。

5. 居住区公共绿地活动场地、居住街坊附属道路及附属绿地的活动场地的铺装，在符合有关功能性要求的前提下应满足透水性要求。

　　6. 居住街坊内附属道路、老年人及儿童活动场地、住宅建筑出入口等公共区域应设置夜间照明；照明设计不应对居民产生光污染。

　　7. 居住区规划设计应结合当地主导风向、周边环境、温度湿度等微气候条件，采取有效措施降低不利因素对居民生活的干扰，并应符合下列规定。

　　① 应统筹建筑空间组合、绿地设置及绿化设计，优化居住区的风格。

　　② 应充分利用建筑布局、交通组织、坡地绿化或隔声设施等方法，降低周边环境噪声对居民的影响。

　　③ 应合理布局餐饮店、生活垃圾收集点、公共厕所等容易产生异味的设施，避免气味、油烟等对居民产生影响。

　　8. 既有居住区对生活环境进行的改造与更新，应包括无障碍设施建设、绿色节能改造、配套设施完善、市政管网更新、机动车停车优化、居住环境品质提升。

参考文献

[1] 成玉宁. 现代景观设计理论与方法. 南京：东南大学出版社，2010.

[2] 程雪梅. 园林设计中的轴线研究. 东北林业大学，2015.

[3] 郑舰，陈亚萍，王国光. 2000年以来棕地可持续再开发研究进展：基于可视化文献计量分析. 中国园林，2019（2）：27~32.

[4] 中华人民共和国住房和城乡建设部，中华人民共和国国家质量监督检验检疫总局. 公园设计规范. 北京：中国建筑工业出版社，2016.

[5] 中华人民共和国住房和城乡建设部. 城市绿地分类标准. 北京：中国建筑工业出版社，2017.

[6] 中华人民共和国住房和城乡建设部，国家市场监督管理总局. 城市居住区规划设计标准. 北京：中国建筑工业出版社，2018.